KB039828

시와 돌의 정원

- 서석지 -

시와 돌의 정원

서석지

정중수 지음
김경종 그림

시작하며

저자는 서석지가 있는 농촌지역 경북 영양 연당리에서 태어나고 자랐다. 지금도 연당서 살고 있다. 서석지를 조성하신 석문 정영방 선생의 12대 후손이다. 저자의 생가이고 본가인 집터가 서석지 정원 가장 가까이 있었다. 서석지 정원 옆 주차장에 주차하면 아름다운 도랑이 도로 확장공사와 농업기반의 마을 정비사업으로 뒤덮였다. 안타까운 실정이다. 이 주차장 터가 나의 생가요, 본가였다. 어린 시절 서석지 정원에서 원 없이 놀았다. 하루에도 열두 번 더 놀았다. 서석지 정자는 놀이터요, 겨울의 연못은 손으로 만든 얼음썰매를 원 없이 탔던 곳이다.

사람의 생각이 참 희한하다. 사고와 생각이 바뀌는 게 인생이더라. 유년기를 연당에서 보내고 도시에서 공과대학과 대학원을 졸업하고 평생 공학도로서 국가연구소인 한국전자통신연구원에서 연구원 생활을 거쳐 인근 국립안동대학교 공과대학 교수를 역임하고 있다. 그 과정에서 서석지의 돌과 시 구절은 귀에 들어오지도 않았다. 아니 관심조차 없었으며 받아들일 생각도 하지 않았다. 조상이 조성한 서석지를 오히려 현대 산업화에 걸림돌이 된다고 터부시하였다. 집안 어르신이 너는 교직자이니 서석지에 관심을 갖고 오시는 손님께는 안내와 설명을 해드리라 하신다. 속으로 웃었다. '산업화에 역행하는 관심 없는 서석지를 알려고 하느니 사회 발전되는 공부나 하지'라면서….

인생이 이런가! 어렸을 때 석문할배는 누구에게 배우고 누구의 제자이고 서석지에 담긴 시를 얘기하시는 어르신을 보면 '아! 답답 또 늘어놓는구나, 따분한 얘기를' 오히려 속으로는 귀를 솜으로 꼭꼭 틀어막았다. 조금 듣는 척하다가 슬며시 자리를 뜬다. 아이고 답답한 어르신이라고 하면서. 그런데 저자의 생각에 엄청난 지각변동이 생겼다.

몇 년 전 우연히 서석지에 대한 설명이 누군가에 의해 귀에 들어왔다. 아! 내 고향 바로 지척에서 원 없이 놀았던 서석지 정자에 시도 있고 시 내용도 있구나! 서석지를 조성하신 석문 정영방 할배의 시와 사고가 이러하셨던가!

유명하다는 정원과 정자를 수없이 다니면서 비교 분석하기도 했다. 세월의 탓인가? 요즘 내가 지인들에게 석문할배는 누구인데, 누구의 문하생이라며 시적인 것을 이야기한다. '아! 답답 또 늘어놓는구나 따분한 얘기를' 오히려 속으론 귀를 틀어막지 않게 최대한 그분 눈높이에 맞게 재미있게 하려고 한다. 재미가 있어야 한다. 그래야 동기유발이 된다. 우리 교육도 마찬가지다.

어려운 성리학을 전문가에게 스무 번은 물었다. 내가 모르니까 쉽고 짧게 답을 요구한다. 대답이 모두 다르다. 이해된다. 어떤 분은 그걸 어떻게 짧게 설명하느냐고 하지만 쉽고 짧게 설명해야 한다. 초등학교 2학년이 인터넷을 물으면 쉽게 이해시켜야 한다. 어렵다. 그게 설명이다. 우리 교육이 그렇지 못한 점이 아쉽다. 아마 내가 무지하여 앞서 서술했던 어르신들도 당신의 관점에서 얘기하셨을 것이다. 그때 이해했더라면 저자는 공대 교수가 아니고 다른 분야에서 살지 않았을까?

그럼 저자인 공대 교수가 바라본 인문학과 서석지 관점에서 이야기해 보자. 인문학 교육과정이었던, 국어와 국사 교과목은 왜 그리 어려웠던가? 윤리 철학은 말해 무엇하랴. 이 말이 이 말 같고 그 소리가 그 소리 같고 말을 빙글빙글 돌려 얘기하기도 하고 에이 책 덮자. 세월이 흘러 이제 보니 공대생도 인문학 강좌가 필요하다. 단 알아듣기 쉽게 설명해야 한다. 정말 알아듣게 하자. 어렵게 하면 시간 소모이며 쓸데없는 에너지 소모다. 앞으로도 그 분야는 보기도 듣기도 싫어한다. 이런 의미에서 이 책을 쉽게 정말 쉽게 쓰려고 노력하였다. 아니 어렵게 쓸 능력도 없다. 스스로 아는 게 없다는 솔직한 이유이다.

저보다 먼저 서석지 연구에 박차를 가해 주신 조상, 선현들께 감사드린다. 책 출판 비용을 기쁜 마음으로 한 치의 주저함 없이 지원해 주신 영양가곡 출신 정일정 농림축산식품부 국장님께도 깊은 감사의 인사를 전하며, 앞날에 큰 발전이 있기를 기대한다. 출간을 앞두고 용기와 격려를 주신 수경, 수정 두 종형과 차수 누나, 재종 동생 세주 내과전문의, 친구이자 아재 광욱사장 겸 교수의 아낌 없는 지원도 감사드린다.

또한, 서문을 써 주고 지도해 주신 국립안동대학교 신두환 교수님께도 감사드리며, 교정을 봐 주신 조지훈 문학관 양희 관장님과 부산의 하주희 소설가님께도 감사드린다. 이 책의 모든 그림을 그려 주신 전직 미술 교사이고 현 문화 관광해설사인 내 오랜 친구 공병 김경종 선생님께도 감사의 인사를 전한다. 아는 것도 없으면서 서술하려는 자신이 조상에 대해 부끄럽기도 하다. 무지몽매하지만 서석지 저술에 도전해 보고 싶었다. 이러한 과정을 거치면서 보완되어 앞으로 더욱 좋은 책이 출간되길 간절히 바란다. 어떤 분은 "네가 뭐 안다고 책을 서술하는가?"라고 반문할 수 있다. 그러나 석문선생이 살았던 그 시대와 그 당시 선생의 생각은 아무도 모른다. 문헌을 참고하여 최대한 접근하려 하였다. 많은 문제점이 있다. 기탄없이 지적해 주시면 달게 받겠다. 훗날 누구라도 서석지에 대해 서술할 때 이 책이 조금이라도 도움이 되길 바란다.

서석지 가장 가까운 집에 살면서 평생 아들 교육에 헌신하시다가 이제는 고인이 되신 아버지, 어머니. 학업에 재능과 관심이 많으셨던 아버지! 그러나 아들 교육 뒷바라지로 여유가 없으셨던 아버지! 아들이 아버지를 대신해 서석지에 관심이 갖고 이 책을 발간함을 아신다면 얼마나 기뻐하실까 생각해 본다.

서기 2021년 석문 정영방 할배 12대 후손

서석지에서 정 중 수

서문

어느 날 동년배 친구이자 직장 동료인 안동대학교 정보통신공학과 정중수 교수가 나의 연구실로 찾아와 〈시와 돌의 정원-서석지〉라는 책을 출간한다면서 나에게 서문을 부탁해 왔다. 내가 번역한 석문 정영방 선생의 〈석문집〉을 참고하여 쓴 것이니 서문을 꼭 써야 한다는 것이었다. 나는 영덕의 대게처럼 서문을 쓰기를 극구 사양하였으나 출간 기일은 급박하게 다가오고 정 교수의 강폭한 부탁을 더는 사양할 수 없는 처지라 강호제현들에게 부끄러운 줄 알면서도 서둘러 몽땅 붓을 들었다.

정중수 교수는 서석지가 있는 경북 영양에서 태어난 수재로서 국내 최대의 연구기관인 한국전자통신연구원에서 병역특례기간을 포함하여 연구원, 선임연구원 생활을 11년간 무난히 수행하였고, 1994년 3월부터 국립안동대학교 공과대학 정보통신공학과 교수로 재직하게 되었다. 이런 지독한 공학도가 인문학 교수들도 내기 어려운 한문학 관련 책을 쓴다는 자체가 무리라고 생각했다. 책은 무엇인가에 대해 잘 아는 사람이 쓰는 것이다. 그런데 무엇으로 책을 쓴다는 것인가? 모두들 의아해 한다. 그가 쓴 책은 서석지에 관한 책으로 제목은 〈시와 돌의 정원-서석지〉이다.

서석지 주인 석문 정영방 선생은 임진왜란을 몸소 겪으셨고 퇴계와 서애의 학통을 이어받은 우복 정경세 선생에게 입문하였지만 그가 택한 길은 스승과 달랐다. 스승이 벼슬을 권유하자 이때가 광해군이 집정한 시대로 세상이 혼탁한 때임을 직감하고 가로로만 걷는 영덕대게를 선물하여 거절의 뜻을 표시하였다. 그는 탁세에 대은한다는 경전의 가르침대로 산림을 택해 자연에 묻혔다. 그의 학문과 시는 독특한 경지를 이루어냈다. '서석지'를 위시한 그의 산수에 대한 향유와 시문은 사람을 감동시킨다. 선생의 유려한 문장과 뛰어난 시상은 독자를 압도한다. 특히 석문선생의 성리미학을 바탕으로 자연에 몰입한 자연미의 새로운 발견과 강호가도는 우리 문학사에 영원히 빛날 큰 업적이었다.

석문 선생이 이곳의 아름다운 경치를 사랑하여 정자를 짓고 그의 학문관인 경(敬)자를 이름 삼아 경정(敬亭)이라고 편액을 걸었다. 그 정자 앞에 주렴계의 '애련설'을 상상하며 사각형의 연못을 파고 연꽃을 심었다. 그 연못 바닥에 기이하게 생긴 암반이 있는데 다양한 형상을 자아낸다. 석문 선생은 이것을 바탕으로 48수의 시를 짓는다. 이곳이 바로 상서로운 암반의 의미를 품고 있는 서석지이다. 이 연못을 연당이라고 하며 지금까지 후손들은 이 마을을 연당마을이라고 부른다. 정 교수는 석문 정연방 선생의 12대 후손으로 이곳 연당마을에서 태어나 지금까지 살아온 사람이다. 그가 이 서석지에 대해 족친들로부터 보고 들은 것이 얼마이겠는가?

나는 〈석문집〉을 번역하고 '석문 정영방 선생의 생애와 그 원림의 미학'이란 주제를 설정하고 학술행사까지 기획하였고, 서석지의 원림에 대해 논문을 발표했다. 그런데도 그가 책을 내는 데는 이유가 있다. 그가 나의 번역을 바탕으로 책을 낸다는 것은 핑계에 불과하다. 내심 더 해줄 이야기가 분명 있는 듯하다. 이제 그가 이 책을 출간하는 것에 대해 의아해 할 필요가 없어졌다. 누가 서석지에 대해 정 교수 앞에서 왈가왈부할 것인가? 그는 자랑스러운 조상을 세상에 알리고 싶어 한다. 그는 어린시절을 반추하면서 지금까지 보아왔던 서석지의 아름다운 옛 모습을 독자들에게 생생하게 그리고 쉽게 알리고자 한다. 한문 번역본이나 학술논문이 주는 중압감을 벗기고 사진과 그림까지 첨부해서 쉽고 재미있게 접근하려는 것이 정 교수가 이 책을 쓴 이유이다.

쉽고 재미있는 것을 발견하면 사실 글을 쓰는 중요한 기초요소는 구비한 것이다. 이것을 알고 있는 정 교수는 이미 문학에 조예가 깊은 것이다. 여기에 조상으로부터 전해 받은 'DNA'가 그의 문학적 감수성을 자극하고 있으니 그는 반응하는 것일까? 정 교수는 그의 조상처럼 산수를 좋아하고, 시를 좋아하고, 풍류를 좋아하고, 인문학을 좋아한다. 정 교수가 이참에 컴퓨터를 벗어나서 더욱 조상에 대해 아는 계기가 되고 문학도의 길을 걸어보길 권한다.

힘쓸지어다. 정중수 교수여! 그대는 석문 정영방 선생의 후손이라는 것을 잊지 말라. 이 말로 서문을 삼고자 한다.

이 책에 서문을 쓴 것이 오히려 정 교수의 훌륭한 글에 오점을 남기는 동시에 강호제현들의 시각을 어지럽힐까 더욱더욱 두렵다.

2021년 2월. 서울 북악산 아래 汲古窩에서

국립안동대학교 인문예술대학 한문학과 교수

신두환

차례

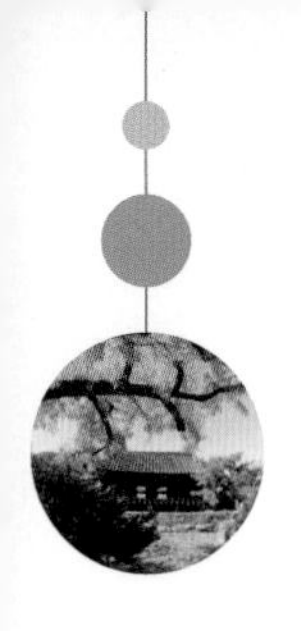

1

조선시대 3대 민가 정원

- 서석지, 세연정 그리고 소쇄원의 밑그림-

석문선생의 서석지

보길도 부용동 정원과 세연정

양산보의 소쇄원

영양 서석지와 더불어 조선시대 3대 민가 정원인
보길도 세연정과 담양 소쇄원을 살펴보자.
우리나라 정자문화를 이해하는 데 큰 도움이 되리라 확신한다.
아울러 국내 유명 정원을 간단히 비교 분석하였다.
문화여행과 관람에 참고되리라 생각한다.

우리나라는 어느 지역을 가더라도 서원, 향교, 정자를 쉽게 접할 수 있다. 특히 정자는 산 좋고 물 좋은 곳에서 제사 기능을 하지 않는 교육과 학문연구 그리고 품격 있는 문화를 즐겼던 곳이다.

조선시대 정원의 조성자는 차경(나의 자산은 아니더라도 경치를 빌리는)의 개념을 대자연 관점에서 인식하였을 것이다. 일반적으로 정원 조성지는 경관이 수려하면서도 자연의 편안함이 느껴진다. 이분들은 조정에서 낙향하였거나 아예 출사를 포기하였으며, 한결같이 대자연에 순응하면서 자연을 훼손하지 않는 범주에서 자신의 생활 관점인 지조를 강조하였다. 더러는 심오한 도교에 근거하여 사서삼경의 핵심사상을 주입한 정원도 있다.

조선시대 선비들의 정자문화는 문학과 더불어 인생의 풍류와 낭만을 벗 삼기도 하고, 중앙 정계의 정치와 국가 발전 방향을 논하기도 하며 교육과 지역 발전에 이바지하기도 하였다. 정자의 조성과정은 크게 두 분류로 살펴볼 수 있다. 하나는 조성자가 정계에서 벼슬 후 낙향하여 인생을 마무리하면서 보내는 경우이고, 하나는 정계에 입문하지 않고 처음부터 고향 주변에서 처사로서 학문 증진과 후학 교육에 힘쓰는 경우로 분류된다.

예나 지금이나 우리 조상은 물의 흐름, 땅과 숲, 해와 달, 구름과 비처럼 자연과 종

속관계를 존중하면서 자연과의 조화를 이루려고 노력하였다. 조선시대 선비들에게는 수양과 학문뿐 아니라 풍류와 사귐을 통한 선비문화의 형성 또한 중요한 일이었다. 이를 위한 장소인 정자를 경영하는 일은 그들의 정신세계를 나타내는 산물이었다.

한국 정원은 조선왕조 때에 많이 형성되었으며 특히 조선 중 · 후반에 사림들이 사화나 당파 정치의 염증을 느끼면서 낙향하여 조성된 경우가 많다. 사림들은 유배지에서 정자를 조성하고 시로서 인생을 달램과 동시에 임금의 부름을 간곡히 기다리거나 자신의 충정을 자연에 빗대어 노래하는 경우도 있었다. 이들은 한결같이 자연을 벗 삼아 주옥같은 문집을 남기면서 후학을 양성하는 데 열정을 쏟았다.

정원을 조성할 때는 풍수나 자연경관을 살펴, 그 주변과 어울리는 정자를 조성하고 현판을 달았다. 정원 조성지는 너무나 경관이 수려하다. 이렇게 경관 좋은 곳에서 옛 선현들의 지혜를 되새겨 보자. 정신세계의 최고 명품 힐링 방법은 경관이 아름다운 정원을 찾아 나쁜 생각은 버리고 새로운 생각을 받아들여 기를 충전하는 것이라고 생각한다.

조선시대 수많은 정원 중 대표적인 3대 민가 정원인 '영양 서석지'와 더불어 '보길도 세연정'과 '담양 소쇄원'을 살펴보려고 한다. 조선 중기의 대표적인 3대 민가 정원은 인문학은 물론 건축학이나 조경학 등을 전공하는 사람들이 반드시 답사 가는 곳이다.

1. 석문선생의 서석지

서석지(瑞石池)는 조선 광해군 5년(1613) 성균관 진사를 지낸 석문(石門) 정영방(鄭榮邦, 1577~1650) 선생이 조성한 조선시대 민가(民家) 연못의 대표적인 정원 유적이다. 선생은 이십대 때 소과를 거쳐 대과 준비하던 중에 정치적 환멸을 느꼈다. 고향 예천

을 떠나 서석지가 위치한 영양 연당리 주변을 살펴보고는 경관의 수려함에 매혹되어 이곳 연당에 서석지를 조성하고 정착하게 되었다. 서석지는 조선시대 대표적인 3대 민가 정원으로, 명칭은 석문 선생이 정원 조성 시 못을 파보니 상서로운 자연석 돌이 연못에서 나왔다고 하여 붙여진 것 같다.

서석지 정원이 어떤 주변 환경과 어떤 사고방식을 기반으로 조성되었는가를 살펴보자. 서석지 주변은 인공 건물인 경정(敬亭)과 주일재(主一齋), 정문 등과 연못을 감싸고 있는 토담으로 이루어진다. 연못 주변의 사우단(四友壇)에는 선비의 지조를 상징하는 소나무·대나무·매화나무·국화와 더불어 사백 년생 은행나무와도 아름답게 조화를 이루고 있다.

가로 13.4m, 세로 11.2m, 깊이 1.3~1.7m 요(凹)자형인 정원 내 못 안에는 서석군단의 돌이 물 위로 드러난 것이 60여 개, 침수된 것이 30여 개, 총 90여 개가 물속에 잠기기도 하고 드러나기도 하여 전통 정원 조경미의 오묘한 정취를 느끼게 한다.

서석지 주변은 화려한 꽃보다는 청초한 식물을 가꾸었고, 외부와의 시계를 차단하지 않도록 배려하였으며, 정원의 마당에는 잔디를 심었다. 지금은 잔디가 없어졌다. 특히 못 가운데는 연꽃을 심어 더러운 냄새를 걸러내고 은은한 꽃향기가 가득하다.

서석지는 자연지형의 의미 부여를 통해 '자연과 인간의 조화'를 토대로 하여 조성된 정원이다. 음양오행설(우주나 인간의 모든 현상을 음과 양의 두 가지 원리로 설명하는 음양설과 이 영향을 받아 만물의 생성 소멸을 오행의 변화로 설명하는 오행설의 묶음이다.) 및 풍수설과 무위자연설(사람의 힘을 빌리지 않고 자연 그대로의 경지에 이르는 뜻, 즉 인위적인 손길 없이 자연에 순응하는 태도임)에 바탕을 두어 자연과 인간과의 조화를 기본으로 하여 조성한 가장 순수한 숲속의 숲인 임천(林泉) 정원이다. 서석지는 일본이 자랑하는 임

천 정원에 훨씬 앞서 발달한 우리 고유의 정원 양식을 보여준다.

서석지 정원은 내원(內苑)과 외원(外苑)으로 구분된다. 내원은 정관·사고·독서 등 사생활을 위하여 인공적으로 만들었고 외원은 병풍바위로 되어 수려한 천혜의 자연경관을 이루고 있다. 즉, 서석지 정원은 경정과 주일재를 중심으로 흙담으로 쌓은 조그마한 인공적인 내원과 자연적으로 형성된 거대한 외원의 조화로 구성되어 있다. 정원의 경계를 넘어선 대자연을 정원의 일부로 유입시키는 차경의 개념을 적극 도입하였다. 즉, 내 것은 아니더라도 마음속의 내 것으로 간주하여 생각하는 우리의 개념을 확대하였다. 이러한 배경을 바탕으로 서석지 주변의 산수 절경이 수려한 곳에 석문 선생이 주옥같은 오언절구 시 48수를 남겼다.

▲ 가을의 절경

▲ 눈 덮인 겨울의 절경

2. 보길도 부용동 정원과 세연정

세연정(洗然亭: 경관이 물에 씻은 듯 깨끗하고 단아함)은 고산 윤선도가 정치적 역경 속에서 보길도 부용동에 조성한 원림인 정자이다. 윤선도는 섬의 산세가 피어나는 연꽃을 닮았다고 하여 부용동이라 이름 지었고 섬의 주봉인 격자봉 밑에 낙서재를 지어 거처를 마련했다. 이후 해남의 금쇄동 등 다른 은거지에서 지내기도 했으나, 결국 85세의 나이로 낙서재에서 삶을 마감하였다. 고산은 보길도를 드나들며 경관 좋은 곳에 세연정, 곡수당, 낙서재, 동천석실 등 건물과 정자를 짓고 연못을 파고 자신의 낙원인 부용동 정원을 꾸몄다.

동천석실은 하늘로 통하는 동굴이란 뜻으로 낙서재 반대편의 산 중턱에 위치하며 천하의 절경과 어우러진다. 신선이 살고있는 세계와 동일시하였다. 부용동 정원에서 백미라 할 수 있는 세연정 부근은 인공으로 원래의 물길을 다소 변형하였다. 연못을 만들고 정자와 높고 평평한 대(臺)를 지어 경관을 즐기도록 하였다.

세연정 연못은 굽어지는 모습의 곡지(曲池)와 모가 난 모습의 방지(方池)로 구성된다. 곡지는 흐르는 물길을 돌로 된 보로 막아 연못 속 큰 바위들을 노출시켰다. 방지는 한 쪽에 네모난 섬을 만들고 그 섬에 소나무 한 그루를 심어 놓았다. 방지의 물가에는 돌로 된 네모진 두 개의 단인 서대와 동대를 나란히 꾸며놓았다. 방지 남쪽 나지막한 동산 위에 세연정을 조성한 것이다. 즉, 윤선도는 섬 전체를 구석구석 살펴서 가장 알맞은 장소를 선택하여 살림집과 연못을 조성하였다. 그 경관을 배경으로 정자를 짓는 등 섬 전체를 차경의 개념을 도입하여 정원을 구성하였다. 부용동 정원, 그 규모와 크기에는 감탄할 수밖에 없다.

▲ 신선의 휴식처인 동천석실과 그 주변

윤선도의 후손 가운데 누군가가 썼을 것으로 추정되는 〈가장유사(家藏遺事)〉에는 고산의 보길도 생활이 잘 나타나 있다.

"고산은 거처인 낙서재에서 아침이면 닭 울음소리와 함께 일어나 몸을 단정히 한 후 제자들이 공부하는 모습을 둘러보고 가르쳤다. 그 후 스스로 설계해서 만든 네 바퀴 달린 수레를 타고 피리와 같은 악기들을 들고, 동천석실이나 세연정에 나가 자연과 더불어 생활하였다. 세연정에서는 연못에 조그만 배를 띄워 아름다운 술과 가무로 자신이 지은 '어부사시사'를 노래하면서 물 위에 비치는 자연을 감상했다."고 전한다.

고산은 아마 자연에 순응하고 자연의 섭리에 따르는 무위자연에 바탕을 두면서 즐겁게 자연을 노래하였다. 물의 흐름 방향이나 물의 방향을 바꾸어 솟구치는 인위적인 분수는 설치하지 않았다. 또, 개울을 막고, 고산보라는 저수지를 만들어 척박한 땅을 개간하여 주민들의 살림에 도움을 주었다.

고산은 '어부사시사'를 필두로 '오우가(五友歌)', '만흥(漫興)' 등 주옥 같은 시로서 자연을 찬미하였다. 대자연을 벗 삼는다는 관점에서 살펴보면 산세를 읽고 물길을 이

▼ 국내 최고의 아름다운 보길도 세연정

용한 고산의 지리적 견해는 장소를 선정할 때마다 면밀히 살피는 조선시대 대학자이자 최고의 조경가로서의 면모를 보인다.

부용동 정원은 돌과 물로 아름다운 경관을 만들어 낸 정원이다. 못으로부터 흐르는 물을 포함하는 상부공간과 하부공간으로 구분하였다. 고산은 이와 같이 자연을 바탕으로 물의 역동미를 살려냈다.

고산은 보길도의 세연정 앞 세연지 연못에 있는 바위에 대해 동대, 서대, 흑약암(惑躍岩), 사투암(射投岩) 등 칠암을 정리하였다. 대표적인 바위인 흑약암과 사투암의 의미를 살펴보자.

흑약암은 『역경』의 '건(乾)'에 나오는 '혹약재연(或躍在淵)'과 맥을 같이하며 '뛸 듯하면서 아직 뛰지 않고 못에 머문다.'는 뜻으로 '마치 힘차게 뛰어갈 것 같은 큰 황소의 모습을 닮은 바위'를 말한다. 사투암은 '옥소대를 향해 활을 쏠 때 발 받침 역할을 하였다.'는 의미이다. 구암(龜岩)은 낙서재 앞마당에 있는 거북바위로서 고산이 낙서재 터를 고르는데 기준이 되었던 지형물이다.

▲ 천혜의 절경을 자랑하는 세연정 앞의 바위

고산은 효종인 봉림대군의 사부로 보길도 은거지에서 효종 임금을 일편단심으로 그리며 보냈는데 그 마음이 오죽했을까? 여기서 보길도 정원의 오우가에 대한 시 세계를 한번 살펴보자. 오우가는 임금을 그리워하며 고산 자신의 지조를 아낌없이 노래하였다. 고산 윤선도의 오우가는 자연의 수(水)·석(石)·송(松)·죽(竹)·월(月) 즉, 물, 돌, 소나무, 대나무, 달의 다섯을 내 벗으로 삼는다며 임금에 대한 충성심을 보였다.

오우가의 제1수를 보자. 지조 있는 수, 석, 송, 죽, 월을 대상으로 임금을 향한 일편단심의 마음이 엿보인다.

내버디 몃치나 하니 수석(水石)과 송죽(松竹)이라,
동산(東山)의 달 오르니 그 더욱 반갑구나,
두어라 이 다섯 밧긔 또 더하여 무엇하리.

3. 양산보의 소쇄원

조선 중기의 대표적인 원림(園林)인 소쇄원(瀟灑園)은 양산보(梁山甫, 1503~1557)로부터 3대에 걸쳐 조성되었다. 양산보는 그의 스승인 조광조가 유배를 당하고 죽게 되자, 출세에 뜻을 버리고 이곳에서 자연을 배경으로 한 학문과 더불어 평생을 살았다고 한다. 소쇄원의 소쇄(瀟灑)는 양산보의 호로 '맑고 깨끗하다'는 뜻이다. 가사 문학의 산실인 담양에 있다. 자연 친화적인 공간미가 일품인 조선 최고의 정자 소쇄원, 계곡의 흐름을 인위적으로 막지 않고 자연스럽게 흐르도록 하여 '도랑의 정원'이라 불리기도 한다.

계곡을 따라 대나무밭을 가로지르는 입구에 어울리듯 아름답게 배치된 건물들은 한국의 전통미를 충분히 느끼게 한다. 옛 모습을 그대로 간직한 아기자기한 오곡문(五曲門) 담장 밑으로 맑은 물이 흐른다. 자연스럽게 흘러내려 작은 폭포를 이루어 정원 내 연못으로 떨어진다. 계곡 옆에는 비 개인 하늘의 상쾌한 달을 뜻하는 '주인집'의 제월당(霽月堂)과 비 온 뒤에 해가 뜨며 맑은 바람을 뜻하는 '사랑방'의 광풍각(光風閣)이 있다. 광풍각 내에는 양산보의 사돈이자 친구인 하서 김인후가 1548년 당시 소쇄원 모습을 보고 쓴 〈소쇄 48영〉을 목판에 새긴 '소쇄원도(瀟灑園圖)'가 남아있어 옛 원형을 추측할 수 있다. 이곳은 또 당시 유명한 학자들이 모여 학문을 토론하고 창작 활동을 벌인 선비정신의 산실이었다.

▼ 광풍각과 제월당 및 대봉대를 담은 소쇄원의 겨울 모습

김인후를 비롯하여 송순, 정철, 송시열, 기대승 등 최고의 지식인들이 이곳을 드나들며 친분을 쌓으며 만남의 반경을 넓혔다. 무등산 계곡에는 소쇄원을 비롯하여 식영정, 환벽당, 독수정 등의 정자 원림이 있다.

오언절구 시로서 구성된 〈소쇄48영〉은 당시 소쇄원의 건축적 구성을 명확히 보여주고 각 공간에서 일어난 행위와 감상까지 생생히 전해준다. 시의 내용은 단순히 계곡과 대나무 숲, 정자 몇 개만 관람하는 정원의 모습과 이미지에 더하여 소쇄원을 이해하는 데 큰 도움이 될 것이다. 이 시에 등장하는 소재들은 대나무숲의 바람과 소쩍새 울음, 엷은 그늘과 밝은 달, 그리고 취중에 나오는 시와 노래들이다. 그중에 '옥추횡금'이란 시의 내용을 살펴보자.

- 玉湫橫琴(옥추횡금) 맑은 물가에서 거문고 비켜 안고 -

瑤琴不易彈 (요금불이탄) 거문고 타기가 쉽지 않은 건
擧世無種子 (거세무종자) 온 세상을 살펴도 종자기가 없어서지
一曲響泓澄 (일곡향홍징) 한 곡조 맑고 깊은 물에 메아리치니
相知心與耳 (상지심여이) 마음과 귀가 서로를 아는구려

중국 전국시대에 백아(伯牙)와 종자기(鍾子期)는 가까운 친구 사이였다. 백아는 거문고 연주로 이름난 음악가였다. 종자기는 곁에서 묵묵히 듣고만 있었다. 그는 음을 구별하는 것이 탁월하였다.

종자기가 먼저 세상을 떴다. 백아는 절망한 나머지, 자기의 거문고 줄을 칼로 다

끊어 버리고 말았다. 이제 자기의 거문고 소리를 알아들을 사람이 없다면서 다시는 거문고를 연주하지 않았다. 이것을 두고 백아가 거문고 줄을 끊었다 하여 '백아절현(伯牙絶絃)'이라고 한다. 아마도 김인후와 양산보의 우정을 백아와 종자기에 빗댄 선인들의 모습을 나타내었다.

▲ 소쇄원의 도랑 모습

[국내 유명 정원의 비교]

	조성 배경	특징	위치와 조성 년도
세연정	- 고산 윤선도가 병자호란 때 왕이 항복했다는 소식을 접하여, 울분을 참지 못해 제주도 가는 길에 워낙 좋은 보길도 풍경에 반했음.	- 아름다운 부용동 자체의 큰 정원이다. 곡수당, 동천석실, 낙서재와 공존	전남 보길도 부용동 1630년경
소쇄원	- 소쇄 양산보가 기묘사화 때 스승인 정암 조광조의 죽음을 접한 뒤의 처사로서 평생 소쇄원에 머무름.	- 대봉대, 제월당, 광풍각이 있음. - 하서 김인후의 소쇄원 자연을 벗 삼은 소쇄48영의 명시가 있음. - 작은 시내의 도랑과 대나무 숲 길이 특징	전남 담양군 가사문학면 지곡리 1525년경
서석지	- 석문 정영방이 광해군 때 정치적 환멸로 대과를 접고 은둔하면서 학문을 접함. - 고향 아닌 곳에 정착함.	- 내원과 외원의 명확한 정의를 함. - 주옥같은 시 48수를 내원과 외원에 남김. - 경정, 주일재, 자양재, 장판각 건물 있음.	경북 영양군 입암면 연당리 1613년경
청암정	- 충재 권벌이 중종 때 벼슬 후 노년에 거북 모양 바위 위에 만듦.	- 마을 앞의 동에서 서로 흐르는 작은 시내로부터 물을 끌어들여 연못 중앙의 거북 모양 바위 위에 만듦.	경북 봉화읍 닭실마을 1625년경
초간정	- 초간 권문해가 계류 옆 암반 위에 만듦.	- 원림의 대표적 정자	경북 예천군 용문면 1582년경

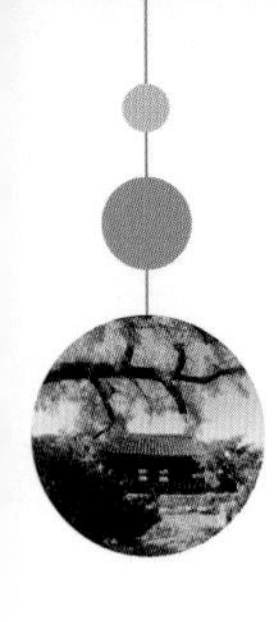

	조성 배경	특징	위치와 조성 년도
다산 초당	- 다산 정약용이 유배 생활을 하면서 지은 주택	- 목민심서 등 주옥같은 실학 서적을 편찬함. - 실학을 집대성한 곳	전남 강진군 도암면 1808년경
활래정	- 1816년 오은거사 이후가 건립함.	- 국내 최고의 전통가옥이라는 선교정 내의 인공적인 정자	강원도 강릉시
영남루	- 신라시대 사찰이 있던 자리에 만들어진 누각 - 고려 이후 대표적인 문인들의 글과 시가 누각에 있음	- 밀양군 객사였던 밀양관의 부속 건물 - 보물 제147호	경남 밀양시 내일동 조선 중기 많은 보수
윤중고택	- 조선시대 명재 윤중의 성리학 연구	- 국내 최고급의 전통가옥이라는 고택의 정자와 앞 천원 방지형의 연못이 조화	충남 논산시 노성면 1600년 후반
옥연정	- 서애 유성룡의 벼슬 후 거처한 정자	- 탄허스님의 시주로 건립 - 징비록을 작성한 곳	경북 안동 하회마을 부용대
거연정	- 화림재 전시서가 이곳에 은거하면서 지은 정자	- 자연에 머물러 살다의 자연에 순응한다는 의미 - 자연경관이 아름다워 신선이 노는 정자라 함.	경남 함양군 서하면 조선 중기

	조성 배경	특징	위치와 조성 년도
농월정	- 지족당 박명부가 정계 은퇴 후 조성	- 달을 희롱한다는 뜻으로 밤이면 달빛이 물아래로 흐른다는 자연에 순응함.	경남 함양군 안의면 조선 중기
죽서루	-조성자 미상 -삼척부사 김효손 중건	- 관동팔경 중 최고의 경관이라 함. 보물 제213호	강원도 삼척시 성내동. 조선
촉석루	- 고려 때 김중선 등이 진주성 수축시 신축하였다고 전함.	- 임진왜란 때 촉석루와 연결된 진주성에서 의병이 왜군을 무찌름.	경남 진주시 내일동 조선 중기
광한루	- 황희 정승이 유배 가서 조성하고, 정철이 관찰사 때 중수함.	- 천상의 옥황상제가 계셨다는 광한루, 은하수위의 오작교, 달나라 속의 선녀들이 노는 것을 감상하는 완월정이 있음.	전남 남원시 조선 초기
암서재	- 우암 송시열이 만년에 벼슬을 그만두고 은거하여 정자를 지어 학문 수양과 후학 양성	- 학문 수양과 후학양성 함. - 큰 암반 위에 지음.	충북 괴산군 청천면 화양계곡 조선 중기
경포대	- 강원도 관리였던 박숙정이 인월사에 세웠다. - 이후 강릉 부사 한급이 현 위치로 옮김.	- 관동팔경 중 하나로 관동 제일루라 함.	강원도 강릉시 고려 충숙왕

2

서석지 정원을 원 없이 즐기자

서석지 정원을 제대로 구경하고, 즐기고, 이해하자.
이것이야말로 우리 문화와 문화유산을
이해하는 데 큰 도움이 되리라 확신한다.

특히 사고와 정신문화 교류의 장인
원림, 정자, 서원, 향교, 고택의 이해가 그렇다.

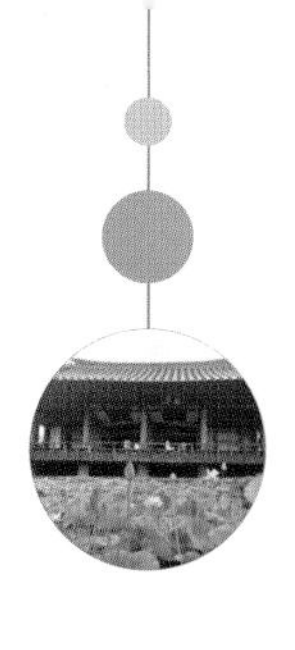

서석지 정원을 제대로 이해하자. 이것이야말로 우리 문화와 문화유산을 이해하는 데 큰 도움이 되리라 확신한다(3장, 4장, 5장, 6장, 7장에서 자세히 서술됨). 특히 학문과 정신문화 교류의 장인 원림, 정자, 서원, 향교, 고택의 이해가 그렇다.

서석지 정원에 주차하면 아름다운 도랑이 도로확장공사와 농업기반의 마을 정비 사업으로 뒤덮였다. 안타까운 실정이다. 이 주차장 터가 나의 생가이며 본가였다. 도랑과 부근 절벽을 누구보다 생생히 기억한다. 어린 시절 도랑에서 원 없이 놀았다. 지금처럼 우리 문화에 관심이 있었다면 무슨 방법을 동원해서라도 원형 유지에 최선을 다했을 것이다. 아쉽지만 지금의 도랑[1)]을 덮은 주차장 모습이다. 주차장 아래로

1) 도랑을 덮은 주차장의 서석지 입구이다.

2)

가면 큰 강과 만난다.

옛 모습[2)]을 기억나는 대로 재현해 보았다. 실로 재현된다면 얼마나 아름다울까?

서석지 주변과 나를 즐겁게 반겨주는 사백 년생의 은행나무[3)]가 눈에 들어온다. 아름다운 은행나무는 서석지 조성자이신 석문선생 부인이 친정에서 가마 타고 오실 때 가져왔다고 한다.

주변에는 모감주나무[4)], 회화나무[5)]가 눈앞에 나타난다. 공자는 강단을 축으로 왼쪽

---

2) 예전의 서석지가 시작되는 주변을 재현해 보았다. 편의를 위한 서석지의 복개공사가 안타깝다.

3) 사백 년 수령의 큰 은행나무와 어울리는 서석지 정원 입구의 경관이다. 가을날엔 참으로 아름다운 모습이다.

4) 서석지 입구의 모감주나무, 석문선생이 안동 송천에 심은 나무는 지방문화재이다.

5) 선비의 집, 서원, 사찰, 대궐 등에서 흔한 회화나무는 학자수(學者樹)라고도 한다. 석문선생은 후손 중에 훌륭한 학자의 배출을 염원하면서 심지 않았을까?

4)
5)
5)
6)

에 벽오동 나무[6], 오른쪽에 은행나무를 배치하여 행단이라 하였다. 서석지 입구가 그렇다. 서석지 조성 시 존재했던 벽오동 나무와 모감주나무는 서석지 주변 보수로 인해서인지 더 이상 볼 수 없다. 안타까운 실정이다.

흙과 돌로 만든 담장으로 둘러싸인 서석지 정원의 백미가 되는 정문[7]을 통해 내부 세계로 들어가자. 서석지 정문 역시 내부와 비껴내거나 담을 설치했던 옛사람들의 방식을 따랐다. 출입문이 정면을 향해 있지 않고 담을 보고 좌측으로 돌아서 있다. 이는 문에 들어섰을 때 내부가 훤히 들여

6) 주변 공사로 인해 아쉽게 없어진 서석지 입구의 벽오동나무다.

7) 무릉도원 같은 서석지 정원의 정문은 소박하다. 뜰 안에 핀 불두화가 보인다.

다보이는 것을 피하였다. 안에서 맞는 주인이나 밖에서 들어가는 손님이 서로 인기척을 느끼면서 마음의 준비를 하도록 배려한 것이다.

평화롭고 아름다운 이상의 세계인 무릉도원이 따로 있던가? 연못[8] 속의 상서로운 돌과 연꽃[9]이 경정[10]과 어울려 눈에 들어온다. 연못 속의 물 높이는 일정 수위가 되면 바깥으로 빠지도록 출구를 만들었다. 물 높이에 따라 돌이 드러나기도 하고 잠기기도 하는 구조이다. 물 위로 은행나무 가지가 걸치고 있다.

경정과 주일재[11] 및 주일재에 붙어있는 서하헌[12]은 서석지 정원의 핵심 건물이라 할 수 있다. 경정의 기단은 얇은 자연석으로 쌓았다. 전면 툇간 주열에는 방형주추 위에 원형 기둥을 세우고 나머지는 자연석 주추에 사각기둥을 세웠다. 구조는 정면 4칸 측면 2칸 반으로 중앙에 대청을 좌우로 1칸 규모의 온돌방을 두었다. 전면은 1칸 반 폭의 개방된 툇마루를 깔고, 닭벼슬 모양을 하는 계자난간을 설치해 연못을 볼 수 있도록 하였다. 주추는 자연석이며 그 위에 사각기둥을 세웠다. 기둥 상부는 납도리 형식으로 짜 맞춤을 하였다. 처마는 홑처마이고, 지붕은 맞배구조이며, 그 끝은 와구토로 마감하였다.

퇴계 선생이 가장 즐겨 썼다는 공경할 '경(敬)'자를 따온 경정이 보인다. '경'이라고 쓴 편액에는 석문 정영방 선생의 생활 철학과 학문하는 태도가 반영돼있다. '경'은 '주자가 성리학의 처음이자 끝이 된다.'는 의미를 나타낸다. 이 정자에서 손님을 맞이

8) 연못 속의 상서로운 자연석 돌은 태초의 신비를 더해 준다.
9) 서석지 정원에 어울리는 아찔할 정도의 아름다운 연꽃이 눈에 들어온다.
10) 주자가 성리학의 처음이자 끝이 되는 의미의 경정이다.
11) 기숙하면서 학문에 정진하던 곳인 주일재가 아담하다.
12) 연구실이나 집무실로 사용했던 서하헌이 다소 허술해 보인다.

11), 12)

하고 또 강학을 논하였다. 심신을 이완시키며 휴식도 취하였을 것이다.

시야를 오른쪽으로 틀면 정면 3칸 측면 1칸의 주일재와 서하헌이 보인다. 주일재는 기숙하면서 학문에 정진하던 곳이었다. 서하헌은 주로 연구실 혹은 집무실로 사용하였다. 벼슬살이에 염증을 느껴 낙향한 석문 선생은 마음을 한곳에 집중하여 수신하면서 학문에 매진하는 것을 생활의 낙으로 삼았다.

공부하는 틈틈이 그는 경정에 올라 더러운 진흙 속에서도 맑고 향기로운 꽃을 피우는 연못의 연꽃을 감상하였을 것이다. 속세에서 더럽혀진 몸과 마음을 '경'의 정신과 '주일'하는 태도로 맑고 깨끗하게 유지하려 했다. 주일재의 단칸마루인 서하헌에는 자그마한 책상을 놓고 학업과 수양을 했을 것이다. 또 은행나무와 연못과 어우러진 선비의 지조를 상징하는 사우단[13]의 소나무, 국화, 매화, 대나무를 바라보면서 유

13) 소나무, 매화, 국화, 대나무의 사우단이 있다.

13)

학자의 모습을 되새겼을 것이다. 도산서원의 절우사(節友社: 계절의 벗이라는 뜻)에도 똑같이 선비의 기상을 상징하는 네 종류의 식물이 있다. 선생은 스승의 스승인 퇴계선생의 학맥을 계승하였기에 네 종류의 동일한 식물을 택하지 않았을까.

어렸을 때 여름이면 은행나무에 올라 더위를 피하였다. 누가 이 큰 은행나무에 잘 올라가는가 시합도 하였다. 올라가다가 수없이 떨어졌다. 나무의 기를 받아서인지 전혀 다치지 않았다. 익기도 전에 은행을 따서 구워 먹었다. 요즘은 은행을 줍지 않는다. 젊은이들이 도시로 떠나 그것 주울 젊은이가 마을에 없다. 겨울의 연못은 손으로 만든 간이 '수게또'(썰매)장이다. 돌과 얼음이 뒤엉킨 연 줄기 사이를 빠져나가는 묘미로 마냥 즐거웠다.

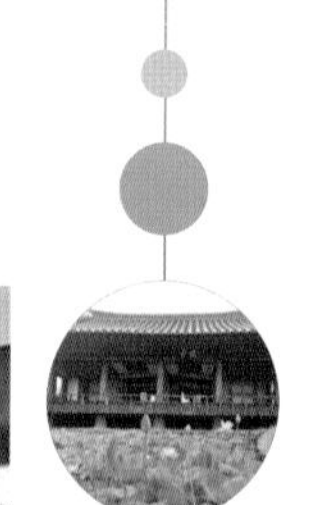

14)

15)~17)

경정의 굴뚝과 아궁이가 신기하게 낮게 있다. 굴뚝[14]이 높지 않은 것은 소박함의 상징이다. 경정 내부로 들어가 보자. 마루의 널판지[15]는 열 수 있어서 통풍 작용도 잘 된다. 어렸을 때 좁은 마루 밑으로 숨으면서 숨바꼭질도 하였다. 이 마루 위에서 묵찌빠 놀이, 짐돌이, 말타기 등 헤아릴 수 없을 정도의 많은 놀이를 즐겼다. 놀이터의 상징이었다.

날이 어두워져 어머니가 "중수야 저녁 먹어라!"라고 부를 때까지 놀고 또 놀았다. 저녁 먹기도 싫었다. 노는데 정신이 빠졌다. 추억 속에 아련하다. 너무 즐거웠다. 인터넷, 텔레비전, 전화는 상상도 못하던 시절이었다. 저자는 정보통신을 전공했지만, 기술은 이제 그만 발전했으면 싶다. 그러나 기술발전이 없으면 약소국으로 떨어지니……. 참, 어쩌란 말인가! 각자 가슴에 아련한 정서와 인문학 토양 위에서 기술발전이 정답 아닐까 생각해 본다.

---

14) 높지 않아 소박함이 묻어나는 굴뚝이다.

15) 경정 마루의 널반지는 열 수 있어서 통풍 작용도 잘된다.

여닫이 문[16] 역시 보전을 위한 통풍 작용이다. 분리해서 문고리를 사용해 위로 올릴 수 있게 하였다. 어릴 때는 문고리에 매달려 턱걸이도 하였다. 체육 시간에 턱걸이 만점은 아마 이때 한 덕분이었다. 천장을 살펴보면 서까래에 석문선생의 스승인 우복 정경세, 두들마을 입향조이신 석계 이시명, 약포 정탁의 아들 청풍자 정윤목, 창석 이준 등 당대의 석학들과 교류한 현판[17]이 진열되어 있다.

좌측 방에는 세계기록문화유산(UNESCO)[18]에 몇 년 전 등재된 석문집, 임장세고, 이자서절요의 책판이 자리하고 있다.

---

16) 통풍 작용을 위해 문을 분리해서 문고리에 걸었다.

17) 당대의 석학들과 교류한 현판이 진열되어 있다.

18) 세계기록문화유산(UNESCO)에 등재된 문집 현황이다.

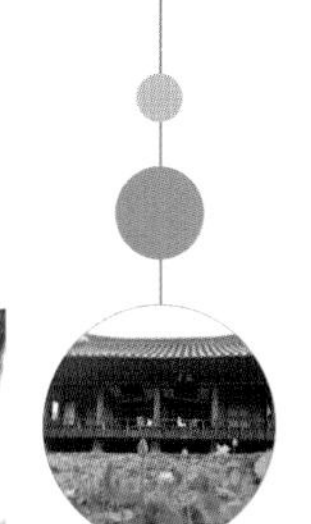

19), 20)

경정에 올라서면 우측에 큰 은행나무와 나무를 둘러싼 행단[19]이 보인다. 여름에는 은행나무에 수없이 올라갔다. 큰 가지에 올라가 앉으면 시원하고 재미있었다. 여름에는 매미 소리가 너무 시끄러웠다. 요즘도 나무타기를 잘하는 것은 그 시절 몸에 배서 그런 것 같다.

은행나무 옆에는 줄기 자체에서 냄새가 나는 향나무[20]가 있다. 우리 조상들은 그 향기가 구천(九天; 가장 높은 하늘이란 뜻)까지 간다고 하여 무척 귀하게 여겼다. 그런 연유로 특히 고택, 서원, 정자, 향교 등에 많이 있다. 석문선생은 공자의 강학 공간인 행단[21), 22)]처럼 은행나무를 배치하여 행단이라 하였고 은행나무를 압각수라 하였다.

저자가 직접 공자의 고향을 갔을 때 공자의 대표적인 어록인 '학이시습지 불역설호 (學而時習之, 不亦說乎: 학습하고 때때로 익히면 즐겁지 아니한가?)' 간판이 행단 앞에 보였

19) 사백 년생 은행나무를 둘러싼 행단이 있다.

20) 줄기 자체에서 냄새가 나는 향나무가 반긴다.

21) 공자의 강학공간인 행단이다. 공자의 고향 중국 곡부에 직접 가서 촬영하였다.

22) 공자의 강학장소. 흐릿한 행단의 현판이 뚜렷이 보인다.

던 것이 인상적이다. 중국도 우리나라처럼 학문을 중시하는 풍토는 일치한다.

초여름에 피는 부처를 닮은 꽃의 불두화[23]가 있다. 아름답게 피어 있는 모습은 서석지를 한층 밝게 해준다. '안빈낙도'의 의미로 널리 쓰이는 영귀제[24]가 바로 앞에 위

23) 부처님 머리를 닮은 풍성하고 탐스러운 불두화(佛頭花)다.

24) 영귀제가 목단과 잘 어울려 있다.

치한다. 영귀제에는 목단이 심겨 있다. 〈논어〉의 '선진편'에 '욕호기 풍호무우 영이귀(浴乎沂 風乎舞雩 詠而歸)'라는 구절에서 따온 것이다. "기수에서 목욕하고 무우(산꼭대기의 기우재를 지내는 곳)에서 바람 쐬고 시를 읊조리면서 돌아오리라"라는 의미이다. 자연과 더불어 살아가라는 서석지 조성자의 모습이 역력하다.

은행나무 앞으로 주일재로 향하는 화단에는 골담초(선비화라고도 함)[25]와 해당화가 반긴다. 화단 옆에는 조그마한 도랑이 있다. 내가 어렸을 땐 물이 많이 흘러 내려왔다. 지금은 어떤 연유인지 도랑이 말랐다. 물이 잘 들어오면 연못이 정화되어 더욱 깨끗할 것이다. 예전의 모습이 그려진다. 도랑 건너 소나무, 매화, 국화, 대나무를 심은 사우단이 있다.

주일제 옆 담벼락에 청렴, 절개와 지조를 상징하는 배롱나무[26]가 있다. 선비들이 부지런하고 청순하게 학업에 매진하라는 의미로 서원, 향교, 정자, 고택, 사찰에 많은 것 같다.

---

25) 골담초와 해당화가 반긴다.

26) 담벼락에 청렴, 절개와 지조를 상징하는 배롱나무가 있다.

사립문[27]을 열어보자. 지금 보면 주일재 주변과 조화를 잘 이루고 있는 모습이다. 어렸을 때 이 문을 통해 뒤쪽으로 숨바꼭질 등 별별 놀이를 하다가 턱에 걸려 넘어지곤 했다. 무척 어리숙했다.

여러분은 넘어지지 않도록 들어가서 자양재[28]를 살펴보도록 하자. 선생은 이곳에서 살림을 하셨다. 경정과 비교하면 다소 소박하다. 장판각[29]은 선생의 문집을 보관하였는데 도난사고로 지금은 안동 국학진흥원에 위탁보관 되어 있다. 안타까운 현실이다.

서석은 신비의 자태를 닮은 바위[30]와 바위들[31]의 위치에 시적인 의미를 부여한 이

27) 높지 않은 사립문이 열려 손님을 반긴다.
28) 살림을 하셨던 소박한 자양재이다.
29) 선생의 문집을 보관하였던 장판각이다.
30) 신비의 자태를 닮은 서석지의 핵심인 상서로운 바위다.
31) 바위들의 위치와 시적인 의미를 부여한 이름이다.

28)

29)

름이다. 주변을 살펴보자. 선생이 평소에 생각했던 사서삼경과 신선사상에 연관된 도교 관점에서 바위에 이름을 붙였다.

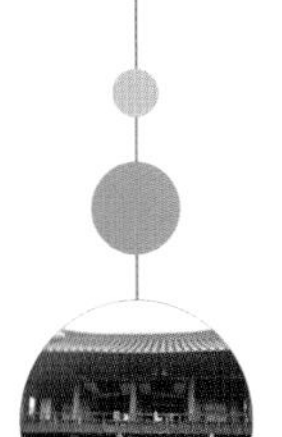

30)

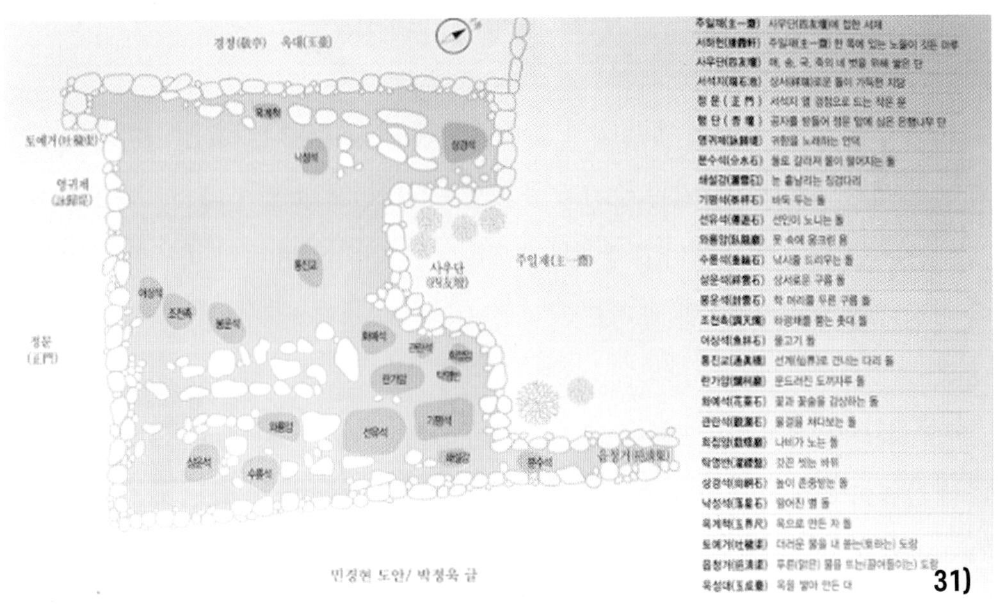

31)

옛 선비들이 바위를 좋아한 이유는 무엇보다도 삼라만상 중에서 가장 변하지 않는 점 때문이다. 자연계의 꽃과 풀이 본래의 의지를 지키지 못하고 계절과 타협하고 굴복하나 바위는 모든 것을 초월하여 태초의 견고함을 유지하고 있다는 점에서 사랑할 가치가 있었다.

신선이 노니는 돌의 선유석, 바둑을 두는 돌의 기평석, 문드러진 도끼자루 돌의 난가암, 갓끈 씻는 탁영반, 꽃과 꽃술을 감상하는 화예석, 나비가 노는 희접암, 떨어진 별의 낙성석, 못 속에 웅크린 용의 모습을 한 와룡암, 낚싯줄 드리우는 수륜석, 상서로운 구름의 상운석, 학 머리를 두른 구름 모습의 봉운석, 광채를 뿜는 촛대 모양의 조천촉, 물고기 모습을 한 어상석, 신선 세계로 건너는 다리를 의미한 통진교가 있다.

이를 다시 정리하면 신선이 노니는 주변을 하늘과 땅, 물 주변을 재미있게 묘사하였다. 하늘에서 신선이 내려와 노는데, 주변은 누군지 모르지만, 갓끈을 깨끗이 씻고, 도낏자루가 문드러지는 줄 모르고 바둑을 둔다.

그 주변을 보자. 땅에는 예쁜 꽃과 꽃술 주변에 아름다운 나비가 날아다니고 물속에는 용이 웅크리고 누워있는 주위에 물고기가 다니면서 춤을 춘다. 또 하늘은 어떤가! 떨어지는 별이 밝게 빛나고 광채를 뿜내는 촛대 바위 주변에 한 마리의 학이 구름 속을 날아다닌다. 서석지를 배경으로 한 한시로서의 신선계를 묘사한 한 폭의 그림이다.

이 아름다운 서석지에 신선이 계시다면…, 어찌 함께하고 싶은 마음이 없을까. 그래서 그림의 옥대 위의 경정에서 신선 세계로 연결된 통진교를 거쳐 신선의 세계를 묘사한 서석군단과 왕래하고자 하는 마음이 간절하지 않았을까?

옥(玉)과 진(眞)은 도교에서 신선을 칭하기 위해 흔히 사용되는 어휘다. 옥계(玉界)는

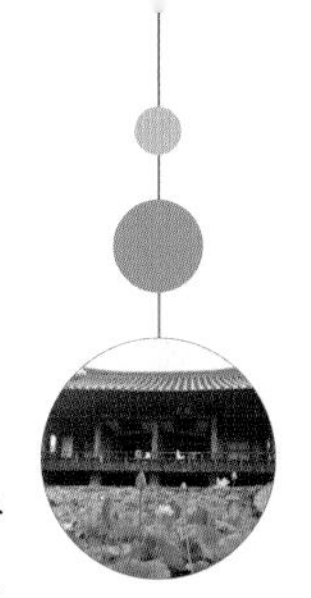

신선 세계를 의미하는 말이다.

이와 같은 풍경은 신선도에 자주 등장하는 나비와 학, 구름 등이 있다. 나비가 노니는 희접암은 신선세계와 인간세계의 경계를 알 수 없이 넘나든다는 의미로 비유된다. 흔히 사용되는 장자의 나비에 대한 꿈을 비유한 것으로 석문선생께서는 도교에 대한 깊은 지식도 겸비하고 정원을 감상하신 것으로 생각된다.

경정 아래 있는 옥성대는 신선을 모시는 건물인 옥당(玉堂)을, 옥계척은 신선의 세계가 시작됨을 의미한다. 신선을 태우고 다니거나 신선을 지키는 역할을 하는 학과 신선이 날아다니는 세계와 어울리는 구름은 봉운석으로 표현하였다.

서석지 연못에 물이 들어오는 도랑을 읍청거라 하고, 물이 빠지는 도랑을 토예거라 한다. 그래서 서석지 연못의 수량은 일정한 수위 이상이 될 수 없다. 깨끗한 물을 읍청거로 받아들여 분수석에서 휘저어 더러움을 뱉어내는 도랑으로 나간다. 연못은 늘 깨끗하다는 의미로 서석지 내부에 있는 인간이 바깥 자연과 조화를 이뤄 하나가 되고자 하는 다짐이다.

서석지에는 두 가지 특이한 면도 있다. 은행나무에 대해 믿거나 말거나 하는 전해오는 이야기가 있다. 이곳의 은행은 해마다 모든 가지에 은행이 주렁주렁 많이 열린다. 주변에 수컷 은행나무가 없는데도 말이다. 자연계에서 설명되지 않는 신비한 일이다.

이야기꾼들은 서석지 연못의 깨끗한 물 때문에 물속에 비치는 자기 모습이 수컷 역할을 한다고 설명한다. 필자는 공학자라 설명이 되지 않는다고 말했더니, 이제는 정설화되어 버렸다. 코레일 기자에게 이 얘기했더니 잡지에 그대로 실렸다.

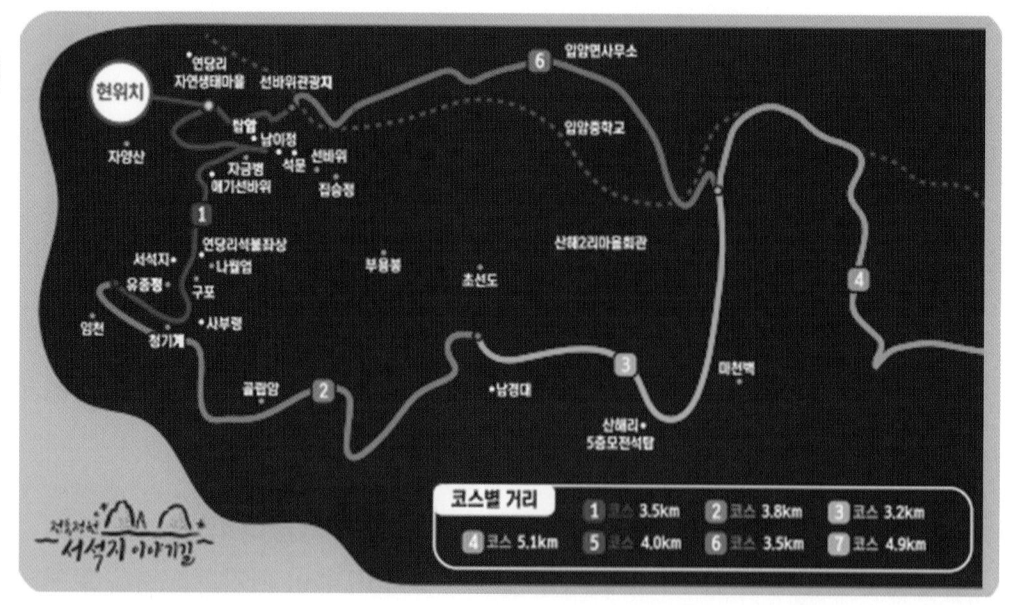

▲ 서석지 외원의 구성 요소 및 그 주변

연못은 아무리 가물어도 연못 바닥을 본 사람이 없다. 필자 역시 육십이 되어도 물 없는 바닥을 한 번도 못 적이 없다. 서석지를 채우는 샘도 어디에 있는지 육안으로는 볼 수 없다. 그러나, 부끄러움 많은 새색시가 연못 속 어딘가에 숨어 한 바가지씩 서석지를 채워주고 있는지도 모르겠다. 이것은 도저히 이야기를 못 만들겠다. 혹 서석지를 다녀간 분들께서 좋은 이야깃거리를 만들어 주시면 고맙겠다.

서석지를 둘러싼 외부 정원인 외원(外苑)을 살펴보자. 외원은 문암(文巖: 입암면 흥구리에 있으며 서석지로부터 앞 8킬로 거리임)[32]에서부터 시작하여 일월산 계곡까지 아름다운 경관을 말한다. 국보 187호인 봉감모전 오층석탑[33] 앞의 큰 절벽이 마천벽[34]이다.

32) 외원(外苑)의 영향권 시작인 문암(文巖)이 외로워 보인다.

33) 국보 187호인 봉감모전오층석탑이다.

34) 봉감모전오층석탑 앞 웅장한 마천벽(磨天壁)이다.

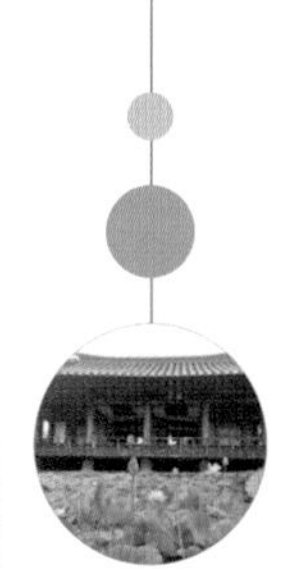

32)

33)

골립암[35]과 초선도[36]를 지나면 서석지 외원 중심지로 향한다.

---

35) 외로워 보이는 골립암(骨立巖)-어사 박문수 비가 앞에 있다.

36) 신선의 경지를 초월하는 초선도(超僊島)가 반변천 강에 있다.

34)

35)

서석지 주변 환경 중 청기천[37]과 반변천인 가지천[38] 두 강물이 모여 만나는 곳이 남이포(강물이 정자를 기점으로 좌우에서 모여 한 줄기를 이루는 곳)이다. 이곳은 두 강이 합

37) 사진의 왼쪽 강인 청기천

38) 오른쪽 강이 반변천인 가지천

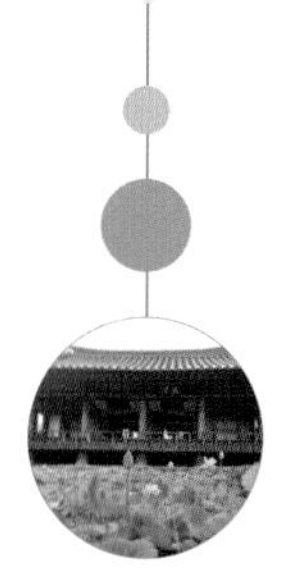

36)

37~43)

수를 이루고 칠십 리를 끈기지 않은 일월 산맥의 끝 지점으로 아름다운 혈 자리[39]를 형성한다. 혈맥이 서로 만나 기(氣)가 응집되는 형상이라고 조경미학자는 말한다.

서석지 외원의 중심이 되고 내원의 입구가 되는 기암괴석을 입석(선바위)[40]이라 한

39) 일월산맥의 끝 지점으로 아름다운 혈 자리-오른쪽 끝 정자 위

40) 기암괴석의 입석(선바위)-사진의 왼쪽 우뚝 선 바위인 입석

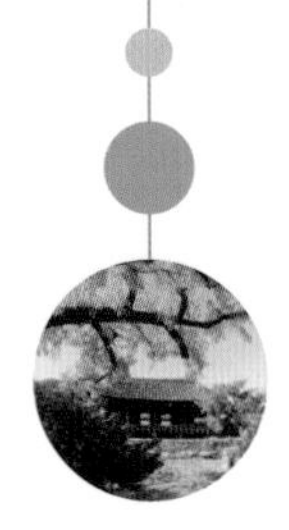

▲ 입석과 연결되는 산인 부용봉과 집승정터가 운무와 어울려 굴뚝에서 피어오르는 연기를 연상시킨다.

다. 이 주변은 사람의 정기가 모여 하늘로 올라간다고 한다. 어렸을 때 '중간학교'나 놀이터의 장소로 사용되었다. 기억에 아련하다.

'중간학교' 이야기를 해보자. 그 옛날 필자가 학교 다니던 시절엔 통신 시설이 당연히 없었다. 전화도 없었다. 농번기 철에는 학교 간다고 하고 선바위에서 놀았다. 담임선생님은 농번기이니 '농사일 거드는구나!' 싶어 그냥 넘어 간다. 요즘같이 전화가 없으니 확인이 안 된다. 그것을 노려 여기서 놀다가 하교 시점에 맞춰 귀가한다.

어린 시절의 짜릿한 즐거움이다. 알고도 속는 것 아닐까? 조그마한 속임은 우리들의 성장 과정이다. 어릴 때는 앞뒤 생각 없이 재미와 흥미에 따라 행동하니 작은 속임은 눈감아 주는 아량도 필요하다고 본다. 산업화와 정보화에 밀려 요즘 애들은 그

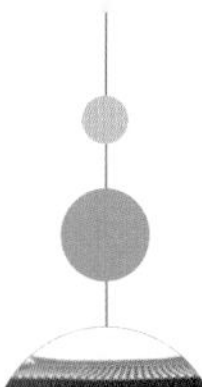

▲ 자금병

런 솔솔 하고도 재미나는 추억이 없어 아쉽다. 어린 시절의 공부는 최고가 아닌데 말이다.

저자 자신이 쓴 '연당의 중간학교' 시 한 수를 소개한다.

선바위 반대편 절벽을 잇는 자주색 병풍 같은 큰 바위산이 자금병[41]이다. 자금병의 절벽 길을 지나 끝자락에 도착하면 남이정[42]이라는 정자가 앞을 가로막는다. 이 경승지에 조선 세조 때 무장으로 유명한 남이 장군과 관련된 고사가 전해지는 곳이다.

남이장군이 주민들을 괴롭히고 반란을 일으킨 아룡과 자룡 형제를 처단하고 그들의 기운이 남아있는 바위를 칼로 쳐서 잘라냈다는 전설이 전해진다. 그 바위를 선바

41) 선바위 반대편 절벽을 잇는 큰 바위산이 자금병이다.

42) 오른쪽 끝 조그마한 정자의 남이정.

연당의 중간학교
정중수
어매 학교갔다- 오께
오야 큰물 조심하래이
선생님 말 잘 듣고
이야! 큰물이 준 귀한 선물로
등교가 안되네
선바위 밑에서 즐거운 중간학교
참꽃 꺾어먹고
찔레 꺾어먹고
책보 속에 구시하게
냄새나는 꽁보리밥
고치장에 비벼먹고
무슨 걱정이 있으랴
수업도 없는 선바위에서
즐거운 세상 만났는데
그시절 그 추억 중간학교
내 삶의 큰 주춧돌 되었네
기억 속에 아련하다
내 마음의 중간학교
중간학교 내 마음.

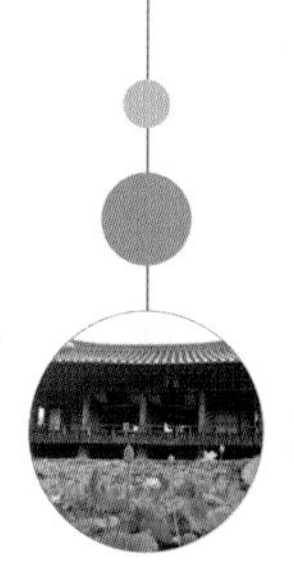

위라고 부른다. 하지만 남이장군 본인도 역모의 혐의를 받고 형장에서 처형되고 말았다.

정자는 강바람이 날라 주는 바람으로 여름에는 시원하고 겨울에는 남이장군이 찬 칼날 같은 찬바람이 살을 에인다. 어렸을 때 등하교 시 편안한 휴식처이다. 위험한 줄도 모르고 원 없이 너무 놀았던 장소이다. 요즘은 위험하다고 철망을 막았다.

선바위 앞의 깊은 강은 우리에게 여름이면 멱(목욕 겸 거창하게 표현하면 수영)감는 장소이며, 겨울이면 넓은 썰매장이었다. 겨울 등하교 시에 이 강을 가로질러 얼음 위로 갔다. 그래선지 얼음지치기와 폼나지 않지만 멀리 가는 수영은 지금도 자신 있다.

얼음을 타다가 물에 빠지면 온몸이 고드름처럼 차가웠다. 그러면 불을 놓아 따뜻하게 말려도 집에 오면 옷은 젖어 있다. 눈치챈 부모님께 위험한 짓 했다고 혼이 난다. 다음 날 까마득하게 잊고 또 즐긴다. 지금 생각하면 멋진 추억이요, 그립다. 선바위 강둑과 자금병 앞의 꽁꽁 언 강 위 등교는 아무리 멀더라도 즐거웠다.

강을 사이에 둔 자금병 끝자락과 선바위는 서석지 정원 입구로서 석문[43]이라고 한다. 천혜의 절경이라 할 수 있다. 서석지 조성자이신 정영방 선생의 호가 바로 석문이다. 여기서 따 왔다. 청기천을 타고 강 반대편의 자금병으로 거슬러 올라가면 서석지 내원으로 들어간다. 여기서 만나는 서석지의 연못은 문암까지 내려가는 강물의 뿌리와 같다.

서석지 내부 정자에는 산을 등지고 물을 바라보는 자세인 배산임수가 있다. 내부 정원인 주일재의 배산은 자양산[44]이고 임수는 담장이 덩굴에 걸친 달을 보는 산의 나

43) 입석과 남이포 사이가 서석지 입구로 들어오는 석문이 된다.

44) 주일재의 배산인 자양산이 좌측 끝부터 펼쳐진다.

월엄[45]이다. 거북이 모양을 한 구포[46]는 마을의 장수를 기원한다.

경정의 배산은 대박산(흥림산이라고도 부른다)[47]이다. 즉, 석문, 자금병, 자양산, 대박산, 입석, 집승정(입석 뒤편에 있음. 터만 남아있다. 서성 약봉이 유배지로도 사용했다), 입석을 감싸고 있는 연꽃 모양의 아름다운 부용봉(芙蓉峯), 자금병, 청기천, 구포, 나월엄으로 둘러싸인 태극 모양으로 형성된 주변을 외원이라 한다.

말하자면 영양 고을을 지나는 강물과 선바위, 자금병을 자연적으로 형성된 큰 정원이라 보고 이 서석지 연못과 자연석의 돌, 주변 건물들은 작은 정원으로 해석한 점이다. 참 운치 있는 발상 아니겠는가? 이런 관점에서 보면 서석지를 형성하기 전에 이미 풍수를 따져 자리를 정했음을 보여준다.

한국의 어느 곳이나 마을 입구에는 마을의 안녕과 화합, 태평성대를 기원하는 느

45) 주일재의 임수인 나월엄이 구포 건너편에 있다.
46) 거북이 모습을 한 바위가 구포이다.
47) 서석지의 할아버지 산인 대박산의 모습이다.

티나무[48]가 있다. 서석지가 있는 연당마을도 마찬가지다. 차이가 있다면 뿌리가 바위 속을 뚫고 자라는 강인함을 자랑한다.

이 동네 주민이나 관광객의 몸과 마음의 강인함도 길러 줄 것이다. 동네 입구에는 손에 약병을 들고 있는 통일신라시대 말기에 조성된 약사여래불[49]이 있다. 이 동네 주민이나 관광객의 건강을 지켜 줄 것이다. 약사여래불이 있다는 것은 아마 그 옛날에는 절터가 아니었을까 추측해 본다.

아쉽게도 서석지 지명에 관계된 시 중 몽선대(夢仙臺)[50]만이 이름은 전해지고 시는 없다. 아마도 후손이 못 찾았는지 모른다. 찾도록 노력해 보자. 여기서도 너무 즐겁게 놀았다. 몽선대 바위에 미끄러져 생긴 머리가 볼록하게 튀어나온 그때의 상처가 아직도 있다. 영원히 함께할 깊은 추억의 상처다. 그래서 필자의 머리는 짱구다.

---

48) 연당마을 입구에는 안녕과 화합, 태평성대를 기원하는 느티나무가 있다. 뿌리가 바위 속을 뚫고 자라는 강인함을 자랑한다.

49) 동네 입구에는 손에 약병을 들고 있는 신라 말경 조성된 약사여래불이 있다.

50) 원 없이 놀았던 몽선대이다.

▲ 약사여래불

▲ 몽선대

석문선생은 주변의 아름다운 산과 주인 없는 이 강을 자신의 정원으로 생각하였다. 옛날 석문선생은 우주 만물의 자연경관을 자신이 학문과 삶을 결부지어 해석하는 경향이 강한 학자 중 한 사람이었다. 자연을 전혀 다치게 하지 않고 마음속에 품고 즐기셨다. 하늘에 둥실 떠 있는 달도 높은 산도, 강물도 모두 우리 조상님들의 공

동재산이기에 후손에게 길이길이 물려줘야 할 금수강산이라고 생각하셨다.

자연 속에 사람이 있고 그 속에서 삶의 애환들을 풀어낸 거였다. 우리가 잠시라도 쉴 수 있는 곳이 어디인가? 그곳이 바로 우리 영양 고을 사람들의 아름다운 정서를 담은 서석지와 자금병 그리고 선바위를 둘러싼 자락 안에 있다.

이 단원을 맺으면서 다음 구절을 전하고 싶다. 서석지 주변은 우리 모두에게 놀이터였다. 방문객들도 이와 같은 놀이터를 회상하면서 마음속으로 관람한다면 좀 더 즐거운 시간이 되리라 생각된다. 서석지가 위치한 현재 연당마을의 아름다운 그림 한 폭을 소개한다.

연꽃처럼 행복이 피어나는 **연당마을**

3

서석지의 시(詩) 세계

- 서석지에 조명된 밑그림 -

서석지의 시 세계를 살펴보자.
서석지 주변의 산수 절경이 수려한 곳에
석문 선생이 주옥같은 오언절구 시를 남겼다.
이러한 서석지 정원은 눈으로 보고 지나치기보다
정신적 가치를 추구하고 있는 시적 영감으로 구경하면 좋지 않을까?
이는 서석지 정원의 각 요소에 시와 함께 붙여진 명칭에서 확연히 드러난다.
우리 문화와 한시를 이해하는 데 큰 도움이 되리라 확신한다.

서석지 정원은 내원(內苑)과 외원(外苑)으로 구분된다. 내원은 정관·사고·독서 등 사생활을 위해 인공적으로 꾸며 자연과 조화를 이루었고, 외원은 병풍바위로 되어 수려한 천혜의 자연경관을 이루고 있다.

즉, 서석지 정원은 인공적으로 만들어진 경정과 주일재를 중심으로 한 조그마한 내원과 자연적으로 형성된 거대한 외원의 조화로 구성되어 있다. 이러한 배경을 바탕으로 서석지 주변의 산수 절경이 수려한 곳에 석문 선생이 주옥같은 오언절구 시를 내원에 32수, 외원 16수, 도합 48수를 남겼다[별첨].

내원을 노래한 경정잡영(敬亭雜詠)과 외원을 노래한 임천잡제(臨川雜題)를 보면 정원의 각 요소들을 모두 시로 풀어내고 있음을 알 수 있다. 경정잡영은 서석지 내원의 경정을 포함한 건물과 수목 열세 곳, 선유석을 포함한 열아홉 개의 돌에 시를 노래한 도합 서른두 시를 열거하였다. 임천잡제는 자금병을 포함한 16곳에 시를 열거하였다.

따라서, 이러한 서석지 정원은 눈으로 보고 "조그마한 연못 주위에 은행나무와 건물 두세 개 있구나!" 감상하는 정원이야 무슨 의미가 있겠는가? 물질적 가치보다 정신적 가치를 추구하고 있는 시적 영감으로 감상하면 좋지 않을까? 이는 서석지 정원의 각 요소에 시와 함께 붙여진 명칭에서 확연히 드러난다.

1. 시, 글, 그림(시서화)의 일치

서석지 연못, 주일재, 사백 년 수령의 은행나무가 내려다보이는 경정(敬亭)의 서까래에는 서석지 내원을 서술한 경정잡영과 외원을 묘사한 임천잡재가 걸려 있다. 특히 경정잡영의 핵심은 돌들에 붙인 아름다운 이름과 주옥같은 시의 내용이다.

서석지를 시와 상서로운 돌의 정원이라 한다. 경정은 서석지에 떠 있는 많은 돌과 대칭적인 위치에 자리 잡고 있다. 경정에서 서석지 연못을 내려다보면 상서로운 자연석 돌들이 펼쳐진다. 경정의 마루에 걸터앉으면 시적 영감이 어찌 떠오르지 않겠는가? 알고 있는 시가 절로 나온다. 결혼을 앞둔 연인들의 웨딩 촬영지로 좋은 곳이다.

▲ 신혼부부 셀프 웨딩 촬영에 좋은 서석지

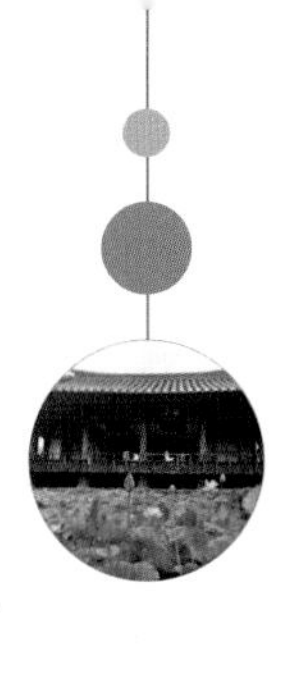

서석지 돌이 자연적으로 위치한 평면적 구성은 시와 글과 그림의 조화로 당시의 시대 상황과 학문을 논하는 선비들에게는 최적의 장소였다. 수면 아래위에 펼쳐진 약 팔십여 개의 돌 중 열아홉 개 돌에다 이름을 부여하고 유명한 오언절구 한시를 남겼다.

즉, 자연 속에 시를 적어놓은 독특한 정원 구성이라 할 수 있다. 그 내용의 핵심은 인간이 자연을 벗 삼아 신선과 가까워지려는 신선 세계의 도교 사상을 묘사하였다.

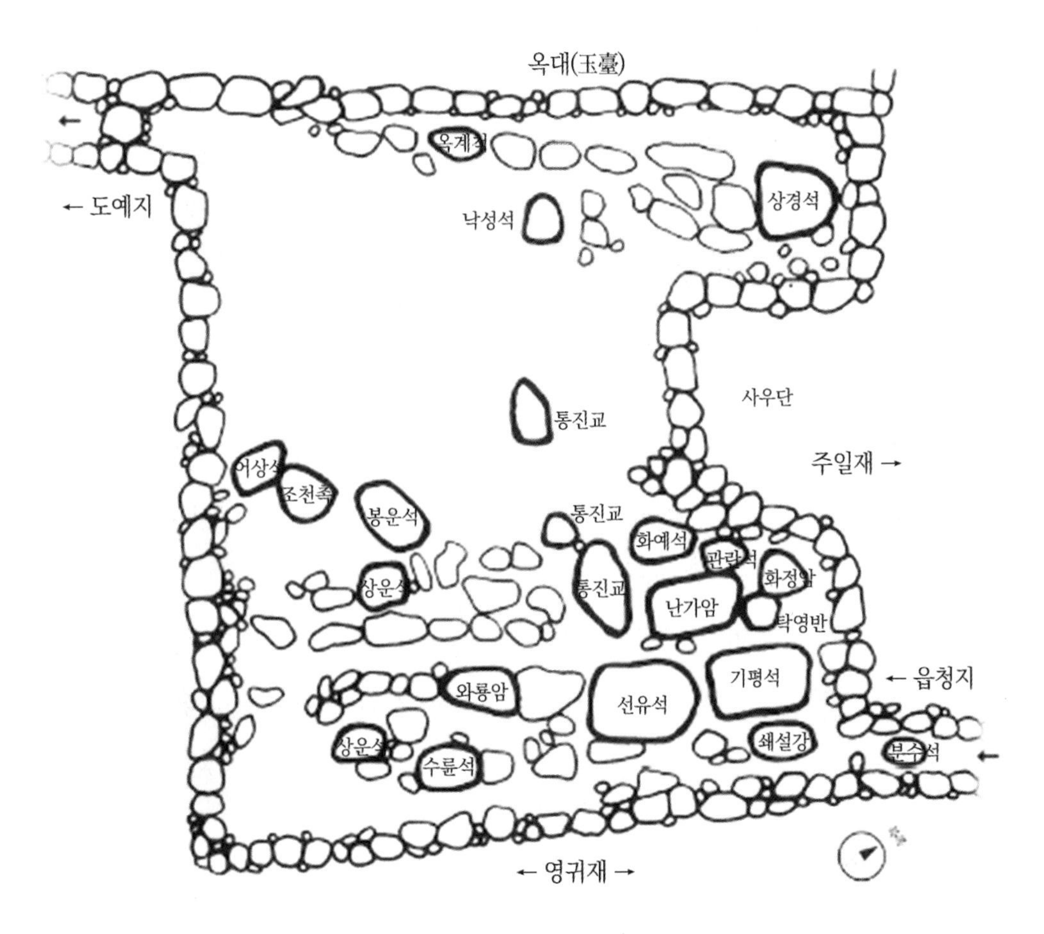

▲ 내원의 구성요소와 연못 속의 돌들에 부여된 시적인 이름

아울러 돌에 붙여진 시적 이름을 경정 앞쪽부터 살펴보자. 먼저 세로로 옥계척, 낙성석, 통진교의 축과 봉운석, 상운석의 축이 있다. 봉운석, 상운석, 쇄설강 등이 통진교와 선유석, 기평석 등을 구름처럼 두르고 있다.

선비의 지조를 상징하는 사우단 주위로 상경석, 화예석, 관란석, 희접암 등이 있다. 옥계척의 옥대 위에 경정이 있다. 옥계척에서 통진교를 통한 선유석까지 이어지는 축은 경정에서 신선의 세계로 건너가고자 하는 욕망을 보여 주고 있다. 또한, 신선을 경정으로 모셔 오고자 하는 욕망도 있지 않았을까?

이 가운데 특히 옥계척과 통진교의 옥과 진은 도교에서 신선을 칭하기 위해 흔히 쓰는 어휘다. 희접암과 봉운석의 구름, 나비, 학도 신선을 상징하는 어휘이다. 옥계는 신선계를 일컫는 말이고 통진교의 통진 역시 신선계로 통한다는 의미이다. 그리고 그 사이에 낙성석이 있다.

낙성석은 별이 떨어졌다는 의미보다는 하늘의 별이 신선이 사는 서석지 연못의 세계를 밝게 비추어 준다는 의미가 더 강하다. 이 얼마나 이상적인 무릉도원이겠는가? 실제로 통진교 둘레에는 구름을 상징하는 바위들이 둘러져 있음을 볼 수 있는데 이는 통진교가 구름 속에 솟은 다리를 상징하기 때문이다.

두 개의 상운석 사이에 와룡암이 있다. 구름 사이에 또아리를 틀고 있는 용을 상상하게 해주는 회화적인 표현이다. 한편 선유석, 기평석과 란가암이라는 이름 또한 신선을 상징하는 이름들이다.

나무꾼이 산에 나무하러 갔다가 문득 잠든 사이에 신선의 세계로 들어갔다. 나무꾼은 신선들이 바둑 두는 것을 보다 세월 가는 줄도 몰랐다. 꿈에서 깨니 들고 온 도낏자루가 썩었다는 이야기가 있다. 정원에 이렇게 바둑을 두는 바위를 두는 것은 이

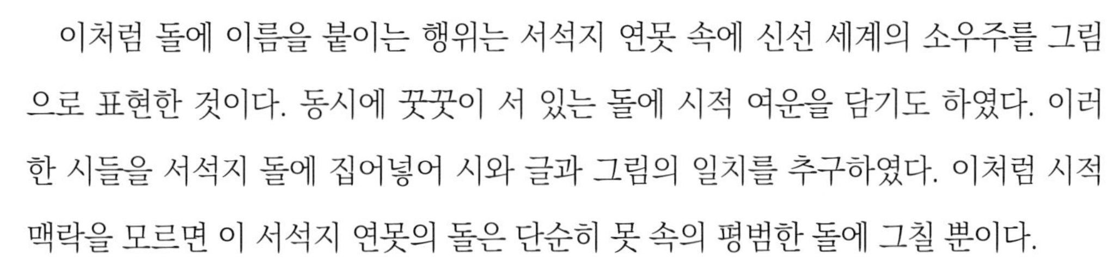

곳이 신선의 세계임을 상징적으로 표현한 것이다.

이처럼 돌에 이름을 붙이는 행위는 서석지 연못 속에 신선 세계의 소우주를 그림으로 표현한 것이다. 동시에 꿋꿋이 서 있는 돌에 시적 여운을 담기도 하였다. 이러한 시들을 서석지 돌에 집어넣어 시와 글과 그림의 일치를 추구하였다. 이처럼 시적 맥락을 모르면 이 서석지 연못의 돌은 단순히 못 속의 평범한 돌에 그칠 뿐이다.

자연 속에 시와 글을 집어넣음으로써 외관상으로는 평범하나 시를 해석함으로써 점차 그 진가가 드러나는 독특한 정원이다. 서석지 연못은 평범해 보이는 외관과 달리 그 속을 이해하면 신선 세계로 들어가는 입구가 상상된다. 신선 세계의 이상을 펼치며 잠시라도 속세를 떠나보면 어떨까!

▲ 서석지 연못의 바위 모습

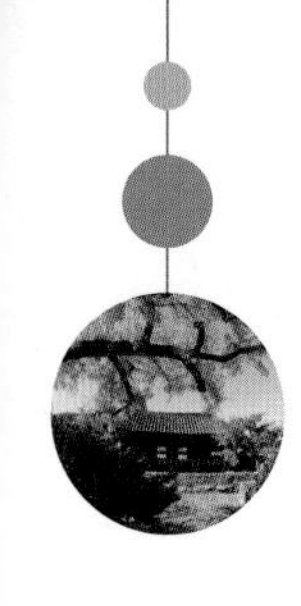

2. 태극(太極) 모양의 서석지 구조도

서석지 내원과 외원의 모양은 마치 태극 모양을 연상하게 한다. 내원을 살펴보자. 서석지 연못 안의 자연석 돌 주위에 뾰족하게 단을 쌓은 사우단(四友壇)은 자연과의 조화를 이루고 있다. 이 조화는 주일재(主一齋) 앞에서 태극의 형상을 이루고 있다. 사우단을 주일재 앞에 둥근 방형으로 위치시킨 이유를 살펴보자. 자세히 보면 태극의 곡선이 살아 있다.

필자가 어렸을 때 놀던 사우단의 모서리는 지금처럼 직각형이 아니고 둥근 각도인 것으로 기억된다. 사우단에 심은 소나무, 대나무, 국화, 매화는 서석지 연못에 놓인 돌들이 서로 조화를 이루고 있다. 특히 사우단과 서석지 연못이 만나는 태극의 중심에 돌이 집중되어 있다. 사우단 앞에 많은 돌들이 서석지 중심에 있다. 시와 돌의 정원을 상기시킨다.

외원을 살펴보자. 서석지 외원은 문암에서부터 일월산까지 계곡을 따라 형성되는 경승지를 말한다. 내원의 서석지 연못에 있는 돌에 이름을 붙이듯 외원에도 산수가 수려한 곳에 이름을 붙여 주옥같은 시를 남겼다. 이것은 서석지를 조성하기 전에 이미 풍수를 따져 자리를 정했음을 보여 준다.

풍수의 형상을 전체적으로 보면, 가지천과 청기천의 맥이 자금병 끝에서 만난다. 내원 입구인 석문의 입석을 보자. 청기천과 가지천의 두 강과 부용봉 산맥의 세 갈래 기(氣)가 응집되는 형상이다. 청기천을 따라 거슬러 올라가면 서석지의 내원으로 들어간다. 여기서 만나는 서석지 연못은 청기천을 따라 반변천을 거쳐 흥구리의 문암까지 연결된다.

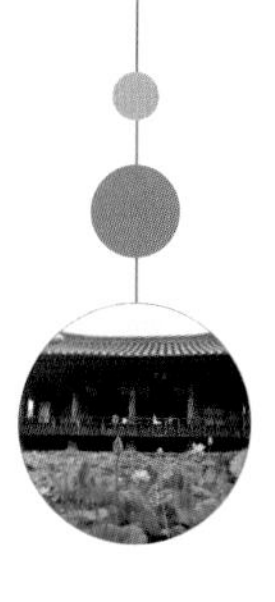

따라서 석문의 입석과 자금병에서 내원까지 이르는 길은 외원의 핵심이다. 이 핵심부의 형상 역시 태극의 모습을 하고 있다. 나월엄, 입석, 부용봉, 자금병, 골입암을 잇는 선은 자양산, 서석지, 유종정, 구포, 자금병을 잇는 선과 태극 형상으로 서로 맞물리고 있다.

외원의 중심에 있는 입석 모양은 태극의 중심에 있는 바위답게 위풍당당한 모습이다. 석문선생은 태극 곡선에서 자연과 순응하는 하늘, 땅, 사람을 연결하는 천지인 사상으로 시를 쓰지 않았을까?

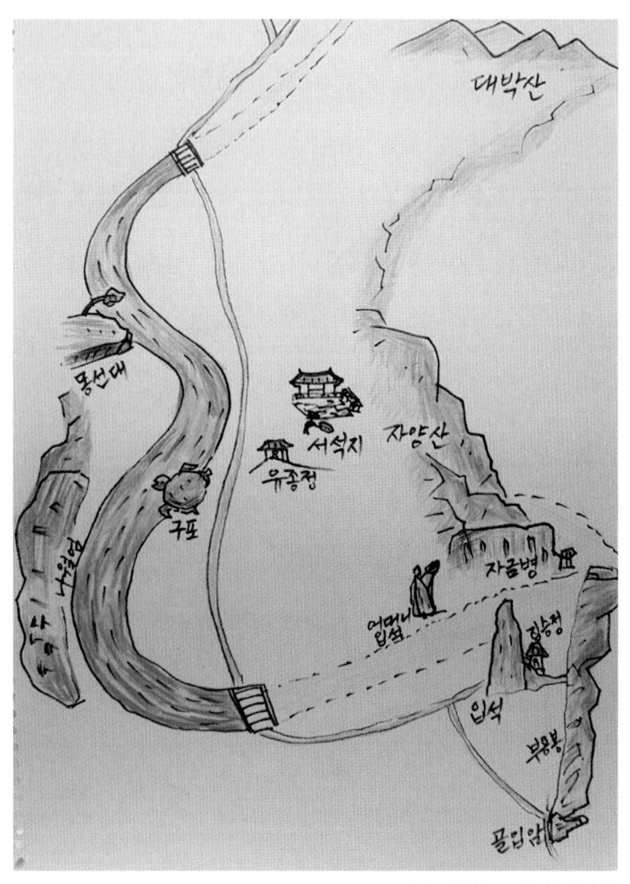

▲ 태극 모양의 외원 구성도

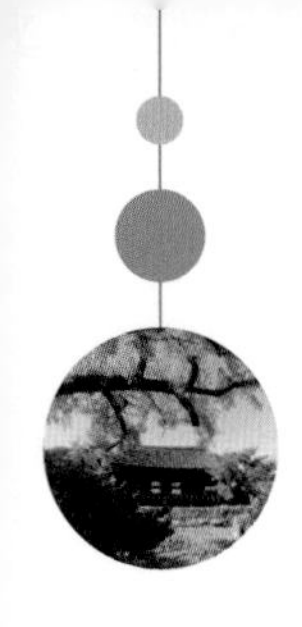

3. 내원과 외원의 조화

서석지의 가장 큰 특징은 인공적으로 형성된 조그마한 내원과 자연적으로 형성된 커다란 외원의 조화이다. 외원의 기암절벽의 바위와 내원 연못 속의 바위들은 자연석이다. 이들의 조화를 살펴보자.

- 입석은 하늘로 높이 치솟은 기둥 형상을 하고 있다. 자금병 긴 절벽 끝 지점의 아름다운 혈 자리와 마주하고 있는 바위로 서석지 정원의 문지기 역할을 하고 있다. 촛대를 연상하여 위풍당당한 모습으로 이름 붙인 내원의 조천촉과 비슷하다.
- 골입암은 산의 뼈대를 드러낸 것 같은 형상을 하고 있다. 또 입석이 위치한 부용봉 자락 끝에서 마치 여러 개의 돌로써 조그마한 산을 만든 석가산을 연상하게 한다. 골입암은 내원의 사우단 주변의 바위들인 화예석, 난가암, 희접암 등과 유사하다.
- 초선도는 신선의 경지를 초월한다는 의미로 문암과 같이 강가에 있다. 그 위치로 보아서는 서식지 가운데 떠 있는 바위들인 통진교와 흡사하다.
- 문암은 외관상 바둑판 모양의 기평석과 유사하다.
- 자금병은 외원의 개천을 따라 자주색 비단이 병풍처럼 길게 늘어선 큰 바위다. 서석지 안에도 이처럼 병풍같이 길게 늘어선 형태의 봉운석과 와룡암이 있다.
- 나월엄은 봉운석, 수륜석처럼 연못 가장자리의 바위들과 비슷하다.
- 구포와 몽선대(夢仙臺)는 넓고 편평한 선유석과 비슷하다. 서석지 지명에 관계된 시 중 몽선대만이 이름은 전해지고 시는 없다. 아마 후손이 못 찾았는지 모른다. 저자의 볼품없는 몽선대 시이다. 당시를 회상하면서 소개한다.

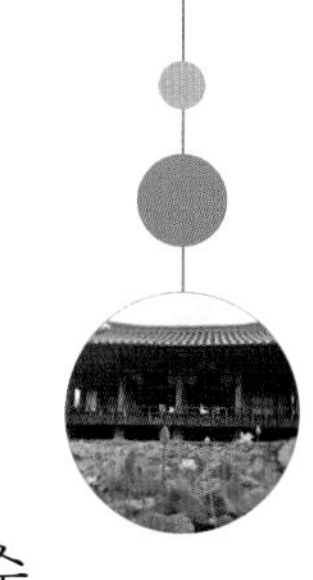

몽선대

정중수

내 고향 연당 개울가
너럭바위에 앉아

산나물 약초 뿌리 먹으며
흘러가는 물소리 듣는다.

임천 맑은 거랑 물
한 사발 주욱 들이키고

초가삼간을 벗 삼아
잠시 오수에 젖어
눈을 떴더니

신선 세계가 따로 없더라
내가 신선이던가!
신선이 나였던가!

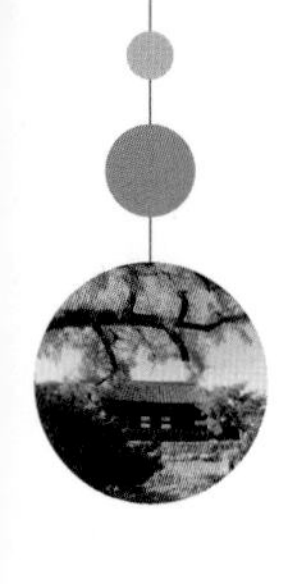

이처럼 서석지 연못의 돌들과 외원에 흩어져 있는 기암절벽 돌들 사이에는 유사점이 있다. 그렇게 보이지 않던가? 이것이 내원을 외원의 축소판같이 보이게 한다. 이 얼마나 아이러니한 것인가? 우연일까? 그렇게 생각해서일까? 그뿐만 아니라 이 구조는 서로서로를 연결하여 하나 됨을 의미한다. 즉 내원과 외원은 완전 독립적인데 석문선생은 시적 의미로 외관상 모습을 일치시켜 시를 구성하였다.

이 원칙은 별도로 기암괴석을 설치하지 않고도 자연에 순응하면서 서석지 내원과 외원의 절묘한 조화를 이루는 독창적인 정원을 조성하였다.

▲ 태초의 신비를 더해주는 연못 속의 상서로운 자연석 돌

4. 신선을 부르는 섬

서석지 연못의 선유석과 통진교, 상운석, 봉운석, 옥계척, 옥대 등은 신선이 사는 곳처럼 생각하게 한다. 스스로 신선이 되고 싶어 하는 마음의 표현이라기보다는 신선을 불러 같이 즐기려는 시적 감정의 표현이다.

신선이 하늘에서 내려와 논다는 선유석이 있다. 통진교는 선생이 경정에서 신선이 사는 선유석까지 가서 신선과 함께하고 싶어 하는 다리를 의미한다. 그 반대로 신선을 경정에 모시고 싶어 하지 않았을까?

이처럼 신선을 정원 안에 부르는 풍류는, 한국적인 풍류가 아닌 중국적인 풍류이다. 진시황이 신선을 찾아 사람들을 보낸 것과는 대조적으로, 한무제는 궁궐 안에 가상적인 신단을 만들어 신선들을 초대하고자 했다.

이때부터 황제들은 신선 원림의 건축을 끊임없이 하여 청나라 건륭 황제까지 계속 그 맥이 이어져 내려왔다. 서석지의 작은 내원 안에 신선을 모셔 함께하고 싶은 구상은 중국적 취향과 통한다고 할 수 있다.

구름 모양을 한 학의 돌 봉운석(封雲石)의 시 구절을 살펴보자.

- '海鶴下靑溪(해학하청계)'라, 바다에 사는 학이 시인 자신이 사는 푸른 계곡인 임천 강가의 청기천에 내려온 것을 그리고 있다. 하필 머나먼 바다에서 임천 강가로 날아온 학이다. 도교에서 학은 신선을 태우고 다닌다는 상징적 동물이다. 신선을 모셔온 상상이다.
- '拍拍飛不得(박박비부득)'이라, 바다에서 온 학이 창공을 날아가려 해도 날개만 푸드덕거리기만 하고 날 수 없구나.

학이 신선을 태우고 와서 이 신선과 한평생 지내고 싶어 하는 심정이 아닐까? 아니면, 신선을 묘사한 학을 서석지에 잡아 놓고 한평생 지내고 싶어 하는 심정이 아닐까?

나비가 날아가는 바위를 상징하는 희접암(戱蝶巖) 시 구절을 보자.

- '翩翩一粉蝶(편편일분접)'이라, 훨훨 날며 화분 묻힌 한 마리 나비라 하였다. 도교에서 나비는 인간세계와 신선 세계를 경계 없이 넘나든다.
- '莫化蒙莊去(막화몽장거)'라, 옛날 장자가 낮잠을 잠깐 즐길 때 나비 꿈을 꾸었다. 나비가 되어 즐거이 놀아서 자신이 나비라는 사실조차 몰랐다. "내가 꿈에 나비가 된 것일까?"라며 자신이 꿈속의 나비가 되는 호접몽을 연상하게 한다. 신선의 상징인 나비를 꿈속에서 서석지에 머물게 한다. 도교의 강한 향취를 느낄 수 있다.

5. 그림 속에 소리 넣기

석문집의 경정잡영에 의하면 정원의 각 부분을 신선 세계의 소우주를 그림처럼 묘사하였다. 그뿐만 아니라 석문선생이 당대의 교분이 있는 분들께 보내는 글에서도 운율이 포함되어 있다.

- 경정음(敬亭吟) 중에 '위화계유성(謂畵溪有聲)'이라는 시구절이 있다. '그림에서 시냇물 소리가 들린다.'란 의미이다. 그림과 악흥(樂興)이 어우러져 그림 속에 소리를 넣었음을 엿볼 수 있다.

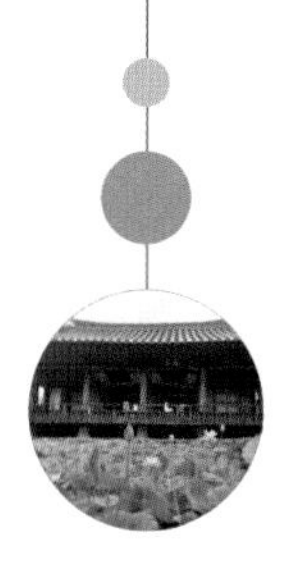

• 정원에서 자연의 소리를 즐기려는 분위기는 석문선생이 당대의 교분이 있는 분들과 주고받는 글에서도 볼 수 있다. 성극당 김홍미 선생이 보내는 문구 중 "와청창외교교천(臥聽窓外皎皎泉)", 즉 "누워 창밖의 맑은 물소리를 듣도다"의 시구가 있다.

• 창석 이준 선생이 보내는 문구 중 "청송풍생만뢰정(聽松風生晩籟靜)", 즉 "솔바람에서 늦은 저녁 퉁소 소리를 듣는다."의 시구가 있다. 이는 먼 곳의 산수를 집에 앉아 느낀다는 의미와 소나무 아래 달을 즐긴다는 뜻을 표현하는 "송하관월(松下觀月)"과 맥을 같이 한다. 아마 서석지 경정에서 임천 맑은 물소리와 뒷산 솔바람 속의 음악 소리를 듣는 당시의 선생님 모습이 아닐까? 그림과 소리가 어우러지는 경관을 시로 표현한 것이다.

▲ 석문선생은 서석지 앞산들을 거닐면서 여유를 즐겼을 것이다. 조선 중기 그 시절을 연상하면서 그렸다.

• 석계 이시명 선생은, "도서기국금준궤장(圖書棋局琴樽几杖) 신석감림이위악(晨夕瞰臨以爲樂)"… 구절과 바둑 두는 돌의 기평석(碁枰石)에는 碁盤寧在此(기반영재차) 有時月明宵(유시월명소) 依俙聞落子(의희문낙자) 구절이 있다. 석문선생은 정자를 짓고 도서와 바둑판, 거문고, 술단지, 책상과 지팡이를 두고 아침저녁으로 풍류를 즐겼다는 의미이다. 이 구절도 석문선생은 주일재에 거처하면서 지방관아의 어린이들에게 독서를 시키기도 하였다. 창밖으로 사우단의 소나무, 대나무, 매화, 국화와 함께 그림 같은 경치를 벗하며 거문고를 새벽과 저녁에 타던 선생의 모습을 연상시킨다. 혹은 서석지 바위에서 이런 풍류를 즐겼을 수도 있다. 신선이 와서 네모 형태의 편평한 기평석 위에서 바둑 두는 모습처럼 자신도 바둑을 두거나 거문고를 타고 글을 읽었을 수도 있다. 이처럼 그림과 음악을 같이 조화시킨 모습은 서석지 문헌에서도 알 수 있다.

6. 이상세계로

석문, 부용봉, 자금병, 나월엄, 구포, 자양산, 입석까지 이르는 길이 병풍이라도 펼친 듯 아름답다. 그림 속으로 빠져드는 길과 같다.

외원의 경치 묘사 중 다음 부분을 살펴보자.

구포(龜浦)

담상유석 혹사구형 (潭上有石 酷似龜形)

연못 위 바위가 있는데 그 모양이 거북 형상이다.

나월엄(蘿月崦)

新月照西麓 (신월조서록) 새로 뜬 달이 서쪽 기슭을 비추니

巖光爛如玉 (암광란여옥) 바위 빛이 옥처럼 찬란하네

▲ 석문선생이 구포 바위 위에서 시를 상상하는 모습이다.

아마 구포 바위에 앉아서 강 건너 절벽인 나월엄에 달이 비치는 아름다운 밤을 연상하지 않았을까? 석문선생은 서석지 주변의 주옥같은 시가 어찌 연상되지 않았을까?

▲ 구포 바위 앞 냇가에서 얼음 지치던 기억이 너무도 생생하다.

필자가 어린 시절 구포 바위 앞 임천 냇가에서 여름이면 멱 감고, 겨울이면 얼음 지치던 기억이 너무도 생생하다. 사실 솔직히 얘기하면 구포인 줄 모르고 좀 인상적이었던 커다란 바위는 한없이 즐거운 놀이터였다.

지금은 서석지 앞 강 보수로 엉성하나 그 옛날 한없이 맑은 물과 밝은 달, 그리고 깨끗한 바위는 충분한 시 구절을 남겼을 것이다. 강을 사이에 두고 구포와 나월엄이 펼쳐진다. 시적 영감이 떠오를 수밖에 없다.

▲ 겨울의 강을 사이에 두고 구포와 나월엄이 펼쳐진다.

내원으로 들어서면 경정과 주일재가 나타난다. 연못을 감싼 모습과 경정에서 내려다보이는 연못 속의 돌들에 시를 부여한 모습 또한 신선 세계의 소우주를 그려내고 있다. 다음 부분을 살펴보자.

선유석(僊遊石)은 신선이 노는 바위로 이름 자체가 도교 사상의 절정으로 된 이상세계를 상징한다.

- '安期與羨門(안기여선문)'이라, 신선인 안기생(安期生)과 선문자(羨門子)가 별을 타고 다녀간 흔적이 보인다고 하였다. 이는 신선을 한없이 그리워하였던 진시왕이 진나라 순회 시 이들에게 금과 백옥을 많이 하사하였다. 그러나 그들은 떠나버렸다. 이에 대한 아쉬움도 내포되어 있다.

통진교(通眞橋)

- '斷虹臥波心(단홍와파심)'이라, 무지개를 잘라 서석지 연못의 물결 속에 누워서 본다고 하였다. 아름다운 이상세계와 잘 어울릴 것이다. 무지개까지 주변에 있으니 말이다.
- '僊眞自來往(선진자래왕)'이라, 신선과 도사가 저절로 오고 간다 하였다. 서석지 연못에 신선들이 왔다 갔다 하는 놀이터로 비유하였다.

신선이 사는 소우주를 서식지 연못 속 돌에서 시적 표현으로 연상하게 해준다. 바위의 묘사 중에 나비가 꽃과 꽃 속을 나는 화예석과 희접암이 있다. 구름의 경관으로 신선들을 태우고 다닐 뿐 아니라 신선들을 지켜준다는 구름 속에 학을 상징하는 봉운석이 있다.

정영방이 도교에 대해 깊은 지식을 가지고 정원을 감상했음을 알 수 있다. 경정에서 이어지는 주일재에서 사우단을 통한 창밖으로 바라본 풍경이 문인화를 펼쳐놓은 듯한 아름다운 풍경이다. 이처럼 서석지의 나월엄, 구포에서부터 내원의 신선 세계의 바위에 이르기까지 그림으로 들어가는 이상적인 길을 연상하게 한다.

이 외에도 석문집에 의하면 선생은 이상세계의 무릉도원을 꿈꾸는 도원(桃源) 시를 소개하였다.

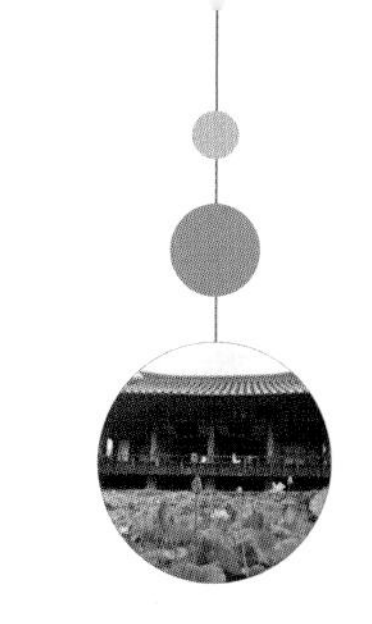

披雲起草堂 (피운기초당) 구름을 헤치고 초당을 짓고는

種桃緣江水 (종도록강수) 강물 따라 복숭아나무를 심었네

誰謂子長貧 (수위자장빈) 누가 그대를 가난하다고 하나

生涯雲錦裏 (생애운금리) 평생을 구름 비단 속에 살고 있네

7. 선비정신의 수양

서석지 정원의 내원과 외원에 발걸음이 닿는 자연경관이 수려한 곳에 시를 남겼다. 여유를 가지면서 원칙을 유지하려는 곧은 선비정신 관점에서 살펴보자.

서석지 정원은 시를 통해 정원의 전체적 구조를 보여주고자 하였다. 시 속에는 한 폭의 그림을 묘사한다. 즉, 그림으로 들어가는 길과 같이 풍경을 감상한다. 그림 같은 정원을 바라보고 끝나기보다는 걸어 다니며 시를 읊으면 정원 감상의 색다른 의미가 있지 않을까?

자신의 겸손을 유지하고 상대방을 공경한다는 뜻의 경(敬) 자를 쓴 경정이 있다. 또 자신을 극복하자는 뜻의 극기재, 자연의 절개를 본받자는 뜻의 사우단, 오로지 한뜻을 받들자는 의미의 주일재 등은 정원 산책을 하면서 정신도 수양한다. 시와 함께 선비의 삶에 대한 원칙과 정신수양을 촉구하는 문장들이 이어지는데 그 예를 몇 가지 들어보면 다음과 같다.

극기재(克己齋)는 극기복례(克己復禮) 정신을 강하게 드러낸 것이다. 많은 어려움이 있더라도 자신이 이를 극복할 수 있다는 강한 정신력을 의미한다. 다음 구절을 보자.

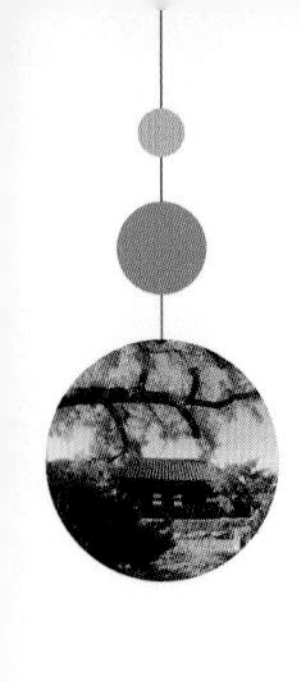

- '衆欲攻吾罅(중욕공오하) 其彊幾百秦(기강기백진)'은, 여러 사람이 나의 흠을 공격하려 하니 아주 강하는 의미다. 어떤 공격과 어려움이 있어도 꿋꿋이 극복한다는 강한 정신력을 피력하였다.
- '三月不違仁(삼월불위인)'이라, 석 달 동안 인(仁)을 어기지 않으리라. 논어 중에서 특히 주목되는 어질 인(仁)을 강조하였다.

선생은 선비의 곧은 정신을 상징하는 매, 송, 국, 죽 네 식물을 평생의 동반자요, 벗으로 삼았다는 사우단(四友壇) 시 구절을 보자.

- 梅菊雪中意(매국설중의), '매화와 국화는 눈 속에서 피어나 의미가 있다.'라는 아무리 추운 날씨의 악조건의 눈 속에서도 꿋꿋하게 피어난다는 의미로 선생의 선비 특징을 유지한다는 의미일 것이다.
- 松篁霜後色(송황상후색), '소나무 대나무는 서리맞은 뒤라야 제 빛을 내나니'는 아무리 추운 날씨 악조건의 서리가 온 후에도 자신의 색깔을 더욱더 풍기는 자신인 선비의 특징을 유지한다는 의미일 것이다.
- 遂與歲寒翁 (수여세한옹), '날씨가 추워진 뒤에야 소나무와 측백나무가 늦게 시듦을 안다. 세한연후지송백지후조야(歲寒然後知松柏之後彫也)'라는 내용이다.

주일재(主一齋)란 학문을 함에 있어 섬김과 몸가짐을 가장 중요시하고, 한곳에 몰두하여 수양이나 학문을 하자는 의미일 것이다. 사위와 두어 칸의 집을 지어 여러 손자를 가르치던 곳이다.

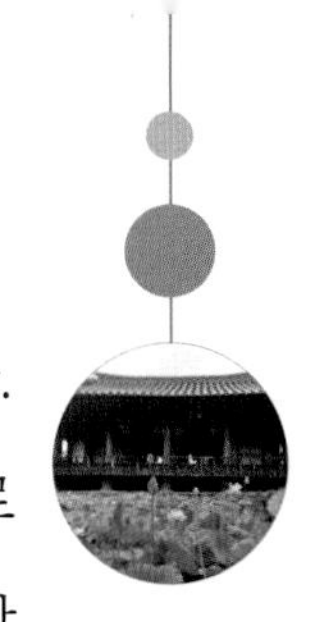

- '行身莫近名(행신막근명)'이라, 행동과 몸가짐을 반듯이 하고 명예를 가까이하지 말라. 선생의 고조부이신 정환 선생은 홍문관 응교로 연산군 갑자사화에 직간하다 상주로 유배되어 돌아가실 때 "후손은 학문은 좋아하나 벼슬은 가까이 말라."를 남기셨다. 막근명(莫近名)이 이와 연결되지 않을까? 출사의 길을 선택하지 않고 처사로 삶을 추구한 자신의 인생관을 의미한다.
- '聞汝讀書聲(문여독서성)'으로 그대들 글 읽는 소리나 들으려 하노라. 독서를 권하고 있다. 이는 명예를 위한 수단이 아니라 학문의 수양과 인격의 함양을 위한 것으로 작자가 일생을 추구한 것이다.

서석지(瑞石池)

상서로운 돌의 연못인 서석지의 시작 구절을 살펴보자.

- '女淑人靜女(여숙인정여)'로 정숙하고 깨끗한 여인이 정조와 깨끗함으로 자신을 지킴과 같다. 내적인 학문으로 흰색을 비춰 깨끗함의 강조는 여인의 정조(1613년 무렵이니 여인의 정조는 무엇과도 바꿀 수 없는 시대 상황을 비추며)처럼 여기고 산다는 청렴결백한 선비의 기질을 표현한다.

8. 소박한 생활관

서하헌의 시에 '암재여우화(巖齋如羽化) 吾亦御冷風(오역어냉풍)'이라는 구절이 있다. 암재는 서하헌을 뜻하며 바위 위에 은신처로 삼는다는 의미다. 즉, 바위를 집으로 삼

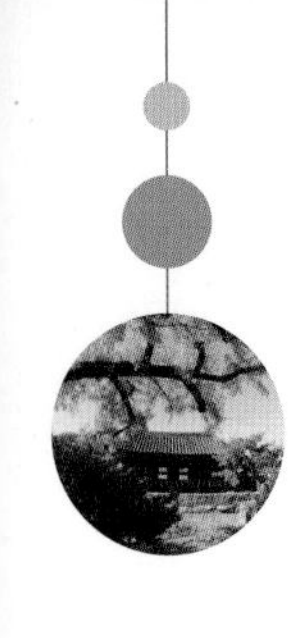

는 의미로 자연과의 순응을 강조한 표현이다.

실제로 서석지의 바위들에 붙인 이름을 보면 바둑을 두는 기평석, 하늘에서 별이 떨어져 신선이 사는 소우주를 밝게 비추어주는 낙성석, 촛대 모양의 광풍스러운 조천촉, 글을 읽으며 높이 존중받는 상경석, 신선들의 거처인 선유석 등은 바위를 거처 삼아 즐기는 풍류에 대해 알 수 있다.

다시 말해, 단지 멀리서 바위들을 내려다보며 즐기는 것이 아니라 각 바위를 거닐며 오히려 바위 위에 서서 경치를 바라보는 독특한 구조이다.

사우단을 바위가 집중적으로 배치된 곳에 뾰족이 배치했다. 소나무를 심어 지붕으로 삼고 바위를 집으로 삼아 차가운 바람을 맞으면서 수양하는 소박한 생활관이 아닐까?

골입암(高孤骨)의 高孤骨立巖(고고골입암)을 보자. 부용봉 산자락의 서쪽 모서리에 뼈처럼 서 있다. 지리적으로 부용봉의 산자락도 외로운 하나의 산이다. 혼탁한 시대에 합류하지 않고 외딴곳에 홀로 있는 모습을 석문선생에 맞게 그렸다. 외롭지만 고독을 벗 삼아 자연을 즐기는 선생님의 소박한 모습이 아닐까?

초선도(超僊島)의 遙知朝玉闕 (요지조옥궐)을 보자. 멀리 대궐의 조회를 알려준다는 의미다. 선생은 성균관 진사로 대과를 접고 시대의 어지러움에 염증을 느껴 한양서 전혀 연고 없는 영양 땅 연당에 서석지를 조성해 살면서 한양의 궁궐도 그리워했을까?. 시대만 평화로웠으면 출사의 생각과 욕망을 가지지 않았을까?. 그러나 그 시대의 어지러운 상황으로는 선생의 학문 추구가 우선이었지 싶다.

별첨 - 서석지 한시 48수 음과 뜻

- 경정(敬亭): 서석지 연못을 내려다보며 인품을 수양하는 정자
- 서석지(瑞石池): 상서로운 돌의 연못
- 주일재(主一齋): 정신을 한곳에 몰두하는 서재로 사우단(四友壇)에 접해 있다.
- 서하헌(棲霞軒): 노을이 깃든 집무실
- 극기재(克己齋): 어려움을 극복하는 방
- 사우단(四友壇): 매화, 소나무, 국화, 대나무의 네 벗을 위해 쌓은 단
- 선유석(仙遊石): 신선이 노니는 돌
- 기평석(碁枰石): 바둑을 두는 돌
- 난가암(爛柯巖): 문드러진 도낏자루의 돌
- 탁영반(濯纓盤): 갓끈 씻는 돌
- 화예석(花蘂石): 꽃과 꽃술을 감상하는 돌
- 희접암(戱蝶岩): 나비가 노는 돌
- 낙성석(落星石): 떨어진 별의 돌
- 와룡암(臥龍巖): 연못 속에 웅크린 용의 모습을 한 돌
- 수륜석(垂綸石): 낚싯줄 던지는 돌
- 상운석(祥雲石): 상서로운 구름 돌
- 봉운석(封雲石): 구름 속에 날아다니는 학의 모습을 한 돌
- 조천촉(調天燭): 광채를 뿜는 촛대 모양의 옥으로 만든 병과 같은 돌
- 어상석(魚狀石): 물고기 모습을 한 돌
- 통진교(通眞橋): 신선 선계로 건너는 다리의 돌

- 의공대(倚笻臺): 지팡이에 의지해 오르는 언덕
- 옥성대(玉成臺): 옥돌을 쌓아 만든 언덕. 희게 칠하니 벽옥(璧玉)과 같다.
- 관란석(觀瀾石): 물의 흐름을 관찰하는 돌
- 옥계척(玉界尺): 신선의 세계가 시작되는 옥으로 만든 돌
- 상경석(尙絅石): 높이 존경받는 돌
- 쇄설강(灑雪矼): 눈 내리는 징검다리 돌
- 분수석(分水石): 물을 뿜는 돌
- 읍청거(挹淸渠): 깨끗한 물이 들어오는 곳
- 토예거(吐穢渠): 물이 방류되는 곳
- 영귀제(咏歸堤): 시를 읊으며 돌아오는 둑
- 또 지음[又] [2수]

서석지 주변의 산수 절경이 수려한 외원 16곳은 다음과 같이 정리되었다. 그것을 간단히 요약하면 다음의 뜻을 지닌다.

- 임천(臨川) = 林泉: 숲과 샘이 있는 정원 (우리나라 전통정원의 통칭)
- 유종정(遺種亭): 귀천(歸天)의 도리를 아는 정자
- 구포(龜浦): 거북 모양의 바위
- 나월엄(蘿月崦): 담장이 덩굴에 걸린 달을 보는 산
- 자양산(紫陽山): 서석지를 둘러싼 자주색의 양지바른 산
  (朱子의 아버지 朱松이 독서하던 산을 차입함)
- 대박산(大朴山): 서석지의 조산(祖山)

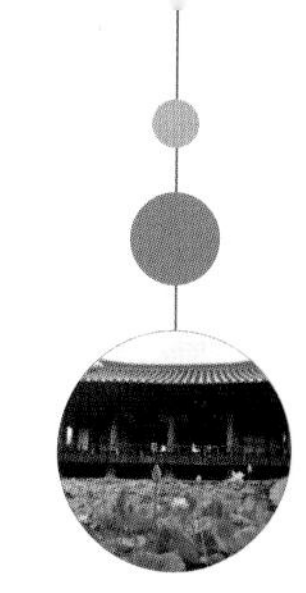

- 입석(立石): 돌이 우뚝 서 있는 선바위
- 집승정(集勝亭): 절경을 모아보는 정자
- 부용봉(芙蓉峯): 연꽃 모양의 봉우리
- 자금병(紫錦屛): 자주색 비단의 병풍바위
- 청기계(靑杞溪): 청기에서 흘러오는 시내 이름
- 가지천(嘉芝川): 영양천(반변천)의 옛 이름
- 골입암(骨立巖): 뼈가 드러난 바위
- 초선도(超僊島): 신선의 경지를 능가하는 바위섬
- 마천벽(磨天壁): 하늘이 깎은 듯한 절벽
- 문암(文巖): 문채가 나는 바위

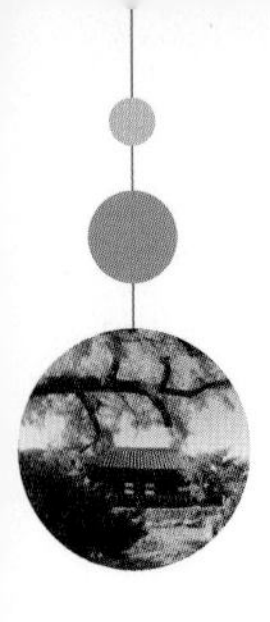

4

서석지 시 48수 해제

- 입천잡재 십육절 -

- 경정잡영 삼십이절 -

자연적으로 형성된 바깥 정원 속에
인공적으로 형성된 내부 정원의 조화로
이루어진 서석지

서석지를 조성한 석문 정영방 선생의
서석지에 대해 남긴 경정잡영과 임천잡제에 수록된
시 48수와 그 세계를 재조명해보자.

※ 이 장은 서문을 써 주시고 교정 봐 주신 국립안동대학교 신두환 교수님의 '석문집 역서' 영양군청, 2019를 전적으로 참고했습니다. 감사드립니다.

敬亭雜詠(경정잡영) 三十二絕(삼십이절)

이태백의 "독좌경정산(獨坐敬亭山) 홀로 경정산에 앉아" 시를 먼저 보자.

衆鳥高飛盡 (중조고비진) 새들은 높이 날아 사라져버리고

孤雲獨去閑 (고운독거한) 외로운 구름이 한가로이 떠 있네

相看兩不厭 (상간양불염) 마주 보아도 싫지 않은 것은

只有敬亭山 (지유경정산) 다만 너 경정산뿐이로구나!

계절에 따른 변화무쌍한 산의 모습을 표현하였다. 봄, 여름, 가을, 겨울 모습에 따라 옷을 입은 산의 모습이다. 산은 언제 봐도 새롭다. 이백이 경정산에 올라가 경치를 구경하면서 지은 시이다.

※ 서석지 시 48수의 지명을 석문집을 최대한 고려하여 찾으려 하였다. 잘못 지적된 부분이 있을 수 있다. 다음 누구라도 서술할 때 보완되어 서석지가 정확히 알려지길 간절히 원한다. 서석지 연못 속의 돌에 대한 사진을 찍을 수 없었다. 시 내용을 참고해 그려보았다.

▲ 서석지 전경

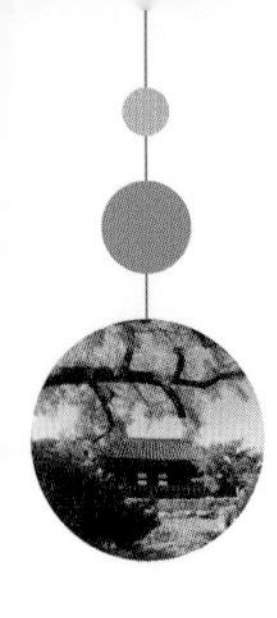

경정(敬亭) 인품을 수양하는 정자

有事無望助 (유사무망조) 일이 있으면 돕기를 잊지 말고

臨深益戰兢 (임심익전긍) 심각한 일에는 더욱 경계하고 조심하라.

惺惺須照管 (성성수조관) 항상 깨어서 일을 살피니

毋若瑞巖僧 (무약서암승) 서암 승려같이 되지는 말지어다.

※ 승려처럼 인륜을 저버리고 마음공부만 하지 말란 의미다.

서암(瑞巖) 승려는 남송시대의 대유학자 주희와 교유하였던 고승으로 중국 경정산에서 수양하였다. 그는 매일 아침 일어나면 자신을 향해 혼자서 다음과 같이 말하고 대답하는 것으로 일과를 시작했다. "주인어른아!" "예." "마음을 항상 맑게 하고, 정신을 똑바로 차리거라." "예."라고 하였다. 수신하는 데 비유한 것이다. 惺惺(성성)은 마음이 항상 맑게 깨어 있음을 뜻한다. 석문선생 자신이 성성하는 방법을 가족을 버리고 수양하는 서암 승려처럼 하지 않고도 해결할 수 있다는 뜻이다.

▲ 경정

주일재(主一齋) 정신을 한곳에 몰두하는 서재

읍청거 위에 공간이 있는데 조씨(趙氏) 생질(甥姪)로 하여금 두 칸 집을 짓게 하니 여러 후손이 은둔하는 곳이 되었다.

挹淸渠上有隙地 令趙甥構屋二間 爲諸孫藏修之地

(읍청거상유극지 령조생구옥이간 위제손장수지야)

爲學須要敬 (위학수요경) 학문을 함에 있어 경을 중요시하며,

行身莫近名 (행신막근명) 행동과 몸가짐을 반듯이 하고 명예를 가까이 하지 말라.

吾衰無自得 (오쇠무자득) 나는 늙고 약하여 깨달음이 없으니

聞汝讀書聲 (문여독서성) 너희들 글 읽는 소리를 듣고 싶다네.

주일재는 선생이 거처하던 서석지 안에 위치한 공간으로서 사위 조(趙)서방과 두어 칸의 집을 지어 여러 손자를 가르치던 곳이다. 학문의 자세로 한 가지 일에 마음을 집중하는 경(敬)을 말하고 있다.

주일의 일(一)이란 것은 항상 마음을 한곳에 집중하고 있어서 딴 데로 흩어지지 않음을 말한다. 이는 출사의 길을 선택하지 않고 처사로의 삶을 추구한 자신의 인생관을 의미한다. 명예를 추구하는 삶을 살지 말라는 의지가 담겨있다. 독서를 권장하고 있다. 이는 명예를 위한 수단이 아니라 학문의 수양과 인격의 수양을 위한 것이다.

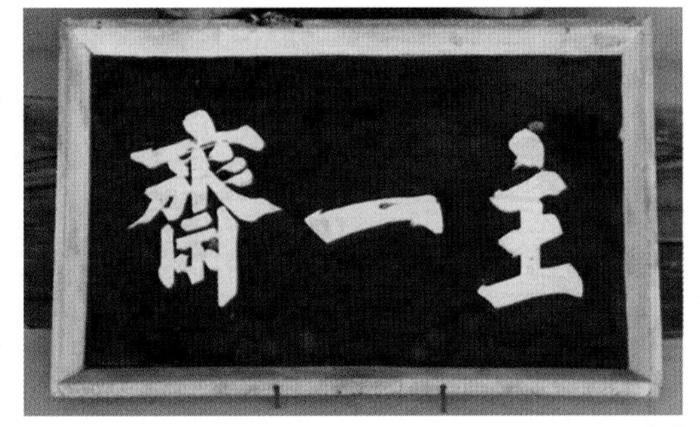

▲ 주일재

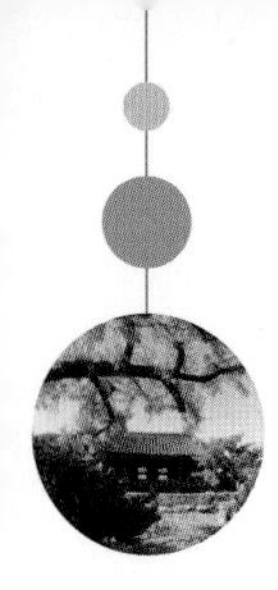

서석지(瑞石池) 상서로운 돌의 연못

석문선생이 서석지 조성 시 다음과 같이 서술하였다. 돌의 내부에는 무늬가 있고 외부는 흰색인데 사람의 자취가 드문 곳에 숨어있다. 정숙한 여자가 정조를 지켜 자신을 보호하는 것과 같고 또한 세상에 숨어 사는 군자가 덕과 의를 쌓아서 밖으로 드러내지 않는 것과 같다.

그 가운데 보존하는 것은 확실히 귀하게 여길 바가 있으니 상서롭지 않겠는가? 혹 그것이 진짜 옥이 아니라도 의심하는 자가 있겠는가? 만약 진짜 옥이라면 내가 어찌 얻을 수 있겠는가? 얻을 수 있다면 뜻밖의 재앙이 되지 않겠는가? 옥과 비슷하지만, 옥이 아닌 경우에는 한갓 아름다운 이름만 훔쳐 쓰면 된다. 도리어 졸렬한 자가 그 어리석음을 지켜서 세상을 속이고 이름을 훔치는 해악이 되니 또 어찌 상서로움이 되겠는가?

天生白玉墀 (천생백옥지) 하늘은 백옥의 계단을 만들고
地獻靑銅鑑 (지헌청동감) 땅은 청동의 거울을 바치네
止水澹無波 (지수담무파) 멈춘 물은 맑고 물결이 없으니
方能該寂感 (방능해적감) 능히 적감(寂感)을 갖추었네.

적감(寂感)을 알아보자. 마음이 아주 고요하고 움직임이 없다는 적연부동(寂然不動)과 마음으로 느껴서 마침내 통한다는 감이수통(感而遂通)을 줄인 말이다. 동양 문화는 한마디로 느껴서 통하는 것이다. 하늘과 통하고, 어머니와 통하고, 땅과 통하고, 온 우주와 통하고, 내 가족, 형제, 조상, 만물 생명과 통한다. 그래서 동양의 정신세계를 감이수통(感而遂通)이라 한다.

사우단(四友壇) 매화, 소나무, 국화, 대나무의 네 벗을 위해 쌓은 단

석문선생이 사우단 조성 시 다음과 같이 서술하였다. 네 벗이란 매화, 대나무, 소나무, 국화이다. 소나무와 국화는 옛날 그대로이고 대나무는 용궁(龍宮)에서 옮겨 왔다. 매화는 무거워서 멀리 가져오지 못했다. 지금은 쓰고 담담한 자형화(紫荊花)와 맑고 향기로운 연꽃과 지조 깊은 석죽화(石竹花)를 심어 매화가 빠진 것을 보충하였다.

공자께서 말씀하시기를 "장무중(臧武仲)의 지혜와 공작(公綽)의 욕심 없음과 변장자(卞莊子)의 용맹과 염구(冉求)의 예(禮)가 예악(禮樂)으로 문채를 낸다면 이 역시 성인이 될 수 있을 것이다."라고 하였다. 연꽃은 군자라 일컫고 자형화는 우애로우며 석죽화는 한약 다리는 탕액(湯液)에 사용되니 덕행을 갖추고 재능을 겸했다고 할 수 있다.

덕행을 갖추고 재능을 겸한 것이 함께 서석지에 있으면 어찌 나의 벗이 아니겠는가. 자형화와 석죽화가 매화의 품격을 당하기에 충분하다고 생각한다. 짐짓 여기에 두어 박식하고 우아한 군자 가운데 능히 이를 분변할 자를 기다린다.

梅菊雪中意 (매국설중의) 매화와 국화는 눈 속에 뜻이 있고
松篁霜後色 (송황상후색) 소나무와 대나무는 서리가 온 뒤에도 빛깔을 유지하네.
遂與歲寒翁 (수여세한옹) 마침내 세한옹(歲寒翁)과 함께하여
同成帶礪約 (동성대려약) 대려(帶礪)의 맹세를 함께 이루네.

정자나 정원, 고궁을 여행하면 세한(歲寒)이라는 용어가 많이 등장한다. 논어의 자한편에 '날씨가 추워진 뒤에야 소나무와 측백나무가 늦게 시드는 사실을 안다. 는 세한연후지송백지후조야(歲寒然後知松柏之後彫也)'라는 내용이 있다. 소나무와 측백나무

의 굳은 의지와 견고함을 표현한다. 사우단 시의 세한옹(歲寒翁)은 이의 비유이다.

대려(帶礪)는 허리띠와 숫돌로, 공신들을 기록하는 맹세를 말한다. 한고조 유방이 천하를 통일한 후에 개국 공신들을 봉작하였다. 그 문구에 "황하가 띠처럼 가늘어지고 태산이 숫돌처럼 닳는다 하더라도 나라는 영원히 보존되어 후손에게까지 영화가 미치게 하리라."라고 하는 맹세의 표현에서 온 말이다.

퇴계가 도산서원 조성 시 정우당이란 못을 파고 소나무와 대나무, 매화의 세한삼우에 국화를 심어 사우(四友)의 개념을 바탕으로 화단을 만들었다. 연꽃과 퇴계 자신을 넣어 육우(六友)라고 했다. 서석지의 사우단(四友壇)은 이에 근거를 두고 있다.

▲ 사우단

극기재(克己齋) 어려움을 극복하는 방

衆欲攻吾罅 (중욕공오하) 세속의 욕심이 나의 허점을 공격하니

其彊幾百秦 (기강기백진) 그 강하기가 일 백 진(秦)나라 군사요

紅爐一點雪 (홍로일점설) 붉은 화로에 한 점의 눈 같은 존재지만

三月不違仁 (삼월불위인) 석달 동안 인(仁)을 어기지 않으리라.

극기재는 극기복례(克己復禮) 정신을 강하게 드러낸 것이다. 많은 어려움이 있더라도 자신이 이를 극복할 수 있다는 강한 정신력을 의미한다. 논어 중에서 특히 주목되는 유명한 장으로 예절의 핵심 어두이다.

공자가 말하기를 "예가 아닌 것은 보지 말고 예가 아닌 것은 듣지 말고 예가 아닌 것은 말하지 말고 예가 아니면 행동하지 말라." 하였다. 여기서 '극기복례'가 유래되었으며, 공자의 많은 제자가 이에 대해 질문을 하였지만, 그때마다 공자는 각각 그들의 정도에 따라 다른 대답을 하였다.

수제자 안연에게 대답한 '극기복례'가 인생의 최고 경지라 하였다.

오늘날 우리가 쓰고 있는 극기는 마음속의 욕망과 싸움보다는 극기주의(금욕주의), 극기 운동 등 육체적 훈련과정을 지칭하는 경우에 많이 쓰고 있다.

시구절을 보자. 석문선생은 유교에 정통을 지니고 있기에 어떠한 공격도 막을 수 있다고 확신하였다. 이러한 자신은 세월이 거듭되어도 논어 중에서 특히 주목되는 어질 인 사상에 어긋나지 않겠다는 강한 의지를 표현하고 있다.

홍로일점설(紅爐一點雪)처럼 붉게 타오르는 화로에 녹아버리는 한 점의 눈처럼 순식간에 녹아 없어지는 것을 의미하지만, 여기서는 도를 깨달아 의혹이나 욕심이 한순

간에 사라진 것을 의미한다. 그러면서도 공자가 제자 안회에 대해서 칭찬한 "그는 석 달 동안이나 인을 어기지 않았다."라는 삼월불위인(三月不違仁)을 인용하였다. 보통 사람은 하루나 한 달도 인(仁)을 유지 못함에 비유하였다.

서하헌(棲霞軒) 노을이 깃든 집무실

暮挹崦嵫翠 (모읍엄자취) 저녁에는 해지는 산의 푸르름을 머금고

朝呑暘谷紅 (조탄양곡홍) 아침에는 해 뜨는 붉은빛을 삼키네

巖齋如羽化 (암재여우화) 바위 거처가 날개로 변한 듯

吾亦御冷風 (오역어냉풍) 나 또한 차가운 바람을 맞겠노라.

해가 진다는 중국 엄자산(崦嵫山)의 전설을 보자. 아주 용맹하고 빠른 용사가 있었다. 세상에 어느 누구도 그를 이길 사람이 없었다. 어느 날 서산에 지는 해를 바라보던 그는 아주 엉뚱한 생각을 했다. "이 세상에서 내 걸음이 가장 빠르다. 저 태양보다 내가 더 빠르다는 것을 보여주고 말겠다." 하고는 서쪽으로 지는 태양을 향해 긴 다리로 성큼성큼 달리기 시작했다.

자신이 태양을 앞지르겠다는 것이었다. 눈 깜짝할 사이에 그는 벌써 천리를 달렸다. 수십 개의 산을 넘었다. 그런데도 서쪽 하늘을 보니 태양은 여전히 저 앞에 가고 있었다. "내가 태양에게 질 수는 없다. 태양은 동쪽에서 떠서 서쪽으로 지는데 꼬박 하루나 걸리지 않는가. 나 같은 용사가 저런 느림보에게 진다는 것은 말이 안 되지!" 그는 다시 힘을 내서 질풍같이 달렸다. 태양이 진다는 엄자산에 이르렀다. 그런데 태양은 저 멀리 아득한 수평선을 또 넘어가고 있었다. 얼마나 빨라야 지는 해를 앞장서 갈 수 있을까?

해 뜨는 곳이라는 양곡(暘谷)을 알아보자. 옛날 요나라 임금이 신하에게 명하여 우이(嵎夷)라는 곳에 살도록 하였다. 우이(嵎夷)에 도읍을 정하니 해 뜨는 곳이라는 의미

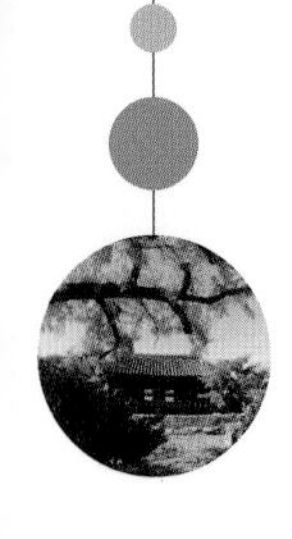

로 양곡(暘谷)이라 한다. 떠오르는 해를 공손히 맞이하여 봄 농사를 고르게 다스리도록 하였다. 동이전(東夷傳)에 보면 단군·기자·신라로 이어지는 세 왕조의 도읍지가 조선 땅인 우이(嵎夷)라는 사실이 있다.

암재(巖齋)는 바위 위에 은신처로 삼는다. 바위가 곧 집이라는 의미로 자연과의 순응을 강조하려 한다. 바로 이 서하헌을 의미하지 않을까?

▲ 서하헌

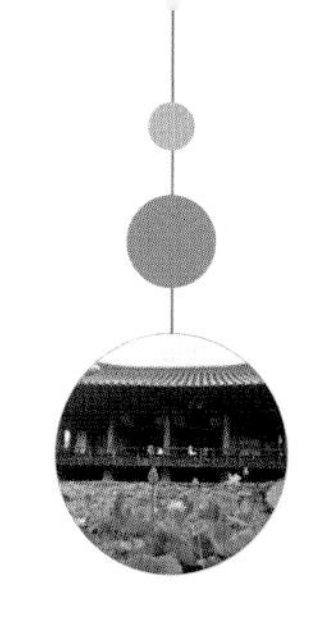

영귀제(咏歸堤) 시를 읊으며 돌아오는 둑

아래 면에 돌을 쌓아 제방을 만드니 그 위가 평평하여 또한 배회하며 읊조릴 수 있다.
하면루석축제 기상평련 역제이비회소영(下面累石築堤 其上平衍 亦足以徘徊嘯咏)

散步玉溪月 (산보옥계월) 달빛 아래 구슬 같은 계곡을 산보하며
朗吟雲谷詩 (낭음운곡시) 운곡(雲谷)의 시를 읊으니
靑巒增矗矗 (청만증촉촉) 푸른 산은 더욱 우거지고
綠水故遲遲 (녹수고지지) 푸른 물은 천천히 흐르네.

운곡(雲谷)은 송나라의 유학자 주희의 호다. 논어의 선진편의 '기수에서 목욕하고 무우에서 바람 쐬고 시를 읊으며 돌아오리라. 욕호기 풍호무우 영이귀(浴乎沂 風乎舞雩 詠而歸)'라는 구절에서 따온 것이다. 공자의 물음에 다른 제자와 달리 증점의 이러한 답을 공자는 좋아했다. 이로부터 '영귀'는 '안빈낙도(安貧樂道)'의 의미로 널리 쓰이게 되었다. 함양의 영귀정과 양동마을에 회재 이언적이 세운 영귀정이 있다. 유성룡의 외조부인 송은 김광수가 의성 점곡면에 세운 영귀정도 있다.

▲ 영귀제

의공대(倚笻臺) 지팡이에 의지해 오르는 언덕

柳渚觀魚戱 (유저관어희) 버드나무 물가에 노니는 물고기를 보고

林巒采藥還 (임만채약환) 수풀 언덕 약초 캐어 돌아오네

倚笻多少思 (의공다소사) 지팡이 짚고 여러 가지를 생각하며

不語對靑山 (불어대청산) 말없이 푸른 산을 마주하네

고기 잡는 것을 구경하거나 물고기를 보고 즐기는 일로 사용되는 관어(觀魚)에 대해 살펴보자. 관어의 역사는 오래되었을 것으로 짐작되나 기록은 고려시대에 나타난다.

고려사(高麗史)에서 우왕이 비와 우박이 내리는 날인데도 불구하고 물고기를 보다가 발가벗고 물에 들어가서 고기잡이를 하였다.(雨雹禑觀魚于海豊郡重房池裸而捕魚)고 하니 우왕이 관어(觀魚)를 즐겼음을 알 수 있다.

현재 영해면 괴시리에 관어대라고 하는 지명이 있는데 이것은 목은(牧隱) 이색(李穡)이 명명한 것이라고 전한다. 고려시대 관어의 풍속은 일반 백성이라기보다는 궁중이나 양반계급의 풍속으로 볼 수 있다.

※ 안타깝게도 의공대의 위치는 파악되지 않는다. 미래의 숙제다.

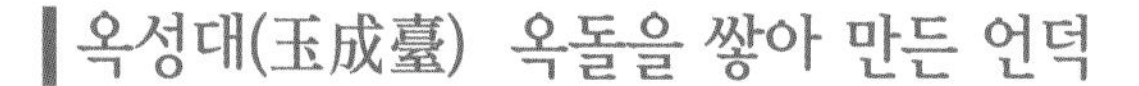

옥성대(玉成臺) 옥돌을 쌓아 만든 언덕

돌을 쌓아 대를 만들고 희게 칠하니 벽옥(璧玉)과 같다. 또한 서명(西銘)의 마지막 구절에서 뜻을 취하였다.

류석위대 분소여벽 역취의여서명말어구
(纍石爲臺 粉素如璧 亦取義於西銘末句語)

光風自何來 (광풍자하래) 맑은 바람은 어디서 불어오는가
霽月當心白 (제월당심백) 갠 달은 깨끗한 마음과 같도다
只見累璧成 (지견루벽성) 단지 벽옥을 쌓아 이룬 것만 보았으니
詎知生貧戚 (거지생빈척) 어찌 인생의 가난과 걱정을 알겠는가?

서명(西銘)은 송나라 학자 장재가 그의 서재 서쪽에 걸어놓은 좌우명을 말한다. 특히 마지막 구절의 貧戚(빈척)을 보자. '가난하고 천하며, 근심과 걱정을 준 것은 그대를 옥처럼 완성해 주려 한다. 살아서 하늘을 순리대로 섬기면 죽어서도 편안할 것이다. '빈천우척 용옥여어성야 존오순사 몰오영야(貧賤憂戚 庸玉汝於成也 存吾順事 沒吾寧也)'라는 구절이 있다.

정자를 살펴보면 광풍제월(光風霽月) 문구가 많다. 북송(北宋)의 시인이자 서가(書家)인 황정견(黃庭堅)이 주돈이를 존경하여 쓴 글에 '정견이 일컫기를 그의 인품이 심히 고명하며 마음결이 시원하고 깨끗함이 마치 맑은 날의 바람과 비갠 날의 달과 같도

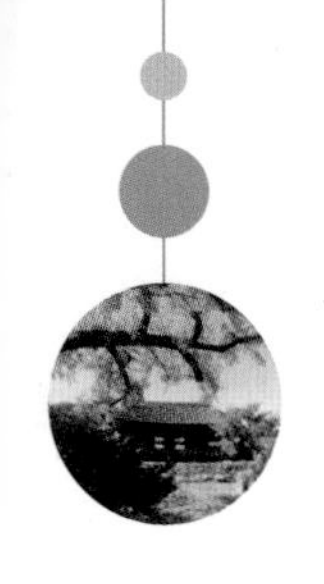

다.'라는 문구가 있다.

'정견칭 기인품심고 흉회쇄락 여광풍제월(庭堅稱 其人品甚高 胸懷灑落 如光風霽月)'

광풍제월의 의미는 화창한 날 불어오는 상쾌한 바람과 비 갠 뒤 하늘에 뜬 밝은 달과 같다는 뜻이다. 즉, 훌륭한 성품이나 잘 다스려진 세상을 비유할 때 쓰인다. 담양 소쇄원에는 광풍각과 제월당이 있다. 안동 경당 종택의 정자인 광풍정이 있고, 함양도 정여창의 정자인 광풍루가 있다.

선유석(僊遊石) 신선이 노니는 돌

모나고 반듯하니 너덧 명이 앉을 수 있다. 그 북쪽에는 바위 두 개가 도랑에 다다라 있는데 그 크기가 같으니 통틀어 선유석이라고 이른다.

방이정 가좌사오인 기북우유이석임거 기대여지 통위지선유
(方而正 可坐四五人 其北又有二石臨渠 其大如之 通謂之僊遊)

手持白鳳尾 (수지백봉미) 손으로 하얀 봉황의 꼬리를 잡고는
淨掃文石痕 (정소문석흔) 돌의 흔적을 깨끗이 쓸어내니
借問誰星駕 (차문수성가) 묻노니 누구의 수레인가?
安期與羨門 (안기여선문) 신선 안기생과 선문자의 흔적이 보이네.

한나라 관리인 매복의 다음과 같은 상소에 궁궐을 의미하는 문석(文石)이 있다. "바라건대 문석(文石)의 계단에 한 번 올라가 생각한 바를 다 말하겠습니다." 하였다.

안기생(安期生)과 선문자(羨門子)는 신선의 이름이다. 진시황이 전국 시찰 때 이들과 만나고 싶어 했다. 그중 안기생과의 관계를 살펴보자. 진시황(秦始皇)이 중국 통일 후 신선약(神仙藥)에 대한 흥미를 갖고 전국 시찰 때 안기생을 만났다. 진시황과 안기생은 사흘 밤 사흘 낮을 함께 동거하며 죽지 않고 영원히 산다는 장생불사약에 대하여 토론하였다. 진시황은 안기생의 박학다식함에 경탄하였다.

진시황은 도교에서의 불로장생하는 방법을 안기생으로부터 배우고 금과 은 수천 냥과 옥 덩어리를 하사하였다. 안기생은 진시황과 대담 중에 진시황이 욕심이 너무

많고 속세의 피곤한 사람이며 불로장생할 수 없다고 판단하였다. 안기생은 그 당시 수도인 함양성을 떠나면서 진시황이 하사한 금은보석을 모두 버리고 세상만사를 다 떨치고 어디론지 훌쩍 떠나갔다.

▲ 선유석

▲ 통진교

통진교(通眞橋) 신선선계로 건너는 다리의 돌

선유석에서 옥성대까지 중간에 바위 두 개가 줄을 지어 물속에 흩어져 있는데 바위를 하나 더하니, 마치 하나의 다리를 이루는 듯하다.

자선유저옥성대 중유이석성행 점재파심 첨이일석 합사성일교이
(自僊遊抵玉成臺 中有二石成行 點在波心 添以一石 恰似成一橋矣)

斷虹臥波心 (단홍와파심) 무지개를 잘라 물결의 가운데 누웠으니
僊眞自來往 (선진자래왕) 신선과 진인들 오가네
俯視甕盎中 (부시옹앙중) 독 안을 살펴보니
醯鷄徒悵望 (혜계도창망) 초파리 떼가 갈 길을 잃고 슬퍼하네.

통진교를 통해 정자인 경정에서 신선의 세계로 건너가고자 하는 욕망을 보여주고 있다. 또한, 신선을 경정으로 모셔 오고자 하는 욕망도 있지 않았을까? 이 가운데 특히 통진교의 진은 도교에서 신선을 칭하기 위해 흔히 쓰는 어휘다.

사진에 바위 두 개가 있다. 서석지 연못이 얼었을 때 찍었다. 어릴 때 이 얼음 위에 손으로 만든 간이 수게또(썰매의 일종)를 한없이 탔다. 연잎에 어우러져 수게또가 잘 나가지 않아 짜증스러울 때도 있었으나 얼음에 뒤엉킨 연 줄기 사이를 빠져나가는 묘미는 마냥 즐거웠다. 물이 빠졌을때의 돌의 모습이다.

기평석(棊枰石) 바둑을 두는 돌

선유석 왼쪽에 바위가 있는데 네모나고 반듯하여 바둑판과 같다.

선유좌유석 방정여기반 (僊遊左有石 方正如棊盤)

神僊不好棊 (신선불호기) 신선은 바둑을 좋아하지 않는데

棊盤寧在此 (기반영재차) 어찌하여 바둑판이 여기에 있는가!

有時月明宵 (유시월명소) 때때로 달 밝은 밤이 되면

依俙聞落子 (의희문낙자) 어렴풋이 바둑 두는 소리 들리네.

신선이 바둑을 좋아하지 않는데 오히려 석문선생이 거처하는 서석지에 바둑판이 있음을 의아해하고 있다. 석문선생 자신이 사는 곳이 신선이 거처하는 곳임을 은연중에 드러내고 있다.

서석지 안의 한 돌이 바둑판 모양을 하고 있다. 밝은 달이 밝게 비취는 날이면 자연에 몰입된 자신의 귀에는 신선들이 기평석에서 와서 바둑돌 놓는 소리까지 들린다고 하였다.

시중유성(詩中有聲)의 기법으로 독자의 귀에 바둑돌 놓는 소리가 시 속에서 은은히 울리게 한다. 서석지 연못의 돌과 이름들은 모양이 거의 일치되지 않고 마음속으로만 일치시킨다. 아마 기평석 돌 이름과 모양이 가장 일치된다.

난가암(爛柯巖) 문드러진 도끼자루의 돌

기평석과 나란히 섰는데 그 모양이 같다. 다만 기평석이 조금 긴데 이것은 네모난 듯하다.

여기평병립 기상무별 저기평차장이차사방여(與棊枰並立 其狀無別 但棊枰差長而此四方如)

聲利非能浼 (성이비능매) 명예와 이욕이 더럽힐 수 없지만

* 산수가 감히 명성과 재물에 못지 않음이니

丘林敢辭饞 (구림감사참) 언덕 숲을 감히 탐하지 않겠는가!

* 감히 탐욕을 말하는가

家童樵不返 (가동초불반) 집 아이는 나무하러 가서 오지 않으니

知在爛柯巖 (지재난가암) 난가암에 있는 줄을 알겠네.

'난가'는 '썩은 도낏자루'라는 뜻이다. 신선 이야기 중에 이와 관련된 내용이 나온다. 진나라 때 왕질이라는 나무꾼이 있었는데, 산에서 나무를 하다가 우연히 바둑을 두는 두 어린이를 만났다. 바둑을 보는 재미에 빠져 시간 가는 줄 몰랐는데, 그 사이에 도낏자루가 썩어버렸다. 마을로 내려와 보니, 아는 사람은 이미 다 죽고 없어졌더라는 것이다. 인간 세상의 상식과 다른 신선 세계에 관한 얘기다.

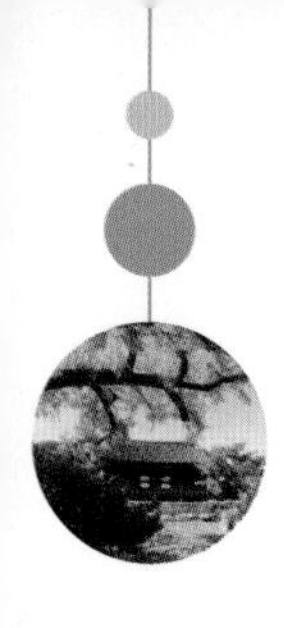

탁영반(濯纓盤) 갓끈 씻는 돌

난가암 왼쪽에 있다. 물이 빠지면 돌이 드러나고 물이 불으면 잠긴다.

재란가지좌 수락즉파 장즉몰(在爛柯之左 水落則波 漲則沒)

明瑩水底石 (명형수저석) 밝고 맑은 물 아래 돌이 있으니

平鋪勝玉盤 (평포승옥반) 평평한 모양이 옥쟁반보다 멋있구나

塵纓來一滌 (진영래일척) 먼지묻은 속세의 갓끈을 한번 씻으니

不必服神丹 (불필복신단) 신단(神丹)을 복용할 필요가 없으리.

'탁영'은 말 그대로 갓끈을 씻는다는 뜻이다. 중국 전국시대 초나라의 시와 가사를 모은 '초사'의 '어부편'에 '창랑의 물이 맑으면 갓끈을 씻을 것이요, 창랑의 물이 흐리면 발을 씻을 것이다'라는 내용이 있다. 창랑의 물이 맑다는 것은 도의와 정의가 지배하는 올바른 세상을 말하는 것이다. 즉 맑은 물에 갓끈을 씻는다는 것은 세상이 올바를 때면 나아가 벼슬을 한다는 뜻이다. 창랑의 물이 흐리다는 것은 도덕이 무너진 어지러운 세상을 비유한 말이다. 탁한 물에 발을 씻는다는 것은 풍파에 찌든 세상을 멀리하고 숨어 산다는 의미다. 석문선생은 안식처로 서석지 조성 시기를 창랑에 물이 흐리다는 표현으로 바위 이름에 탁영반을 붙였다.

신단(神丹)은 신선을 만든다는 죽지 않고 오래 사는 약이다. '신단을 복용하면 천지와 더불어 구름에 오르고 용을 타며, 태청(太淸)의 기(氣) 가운데를 오르내리며 사람의 수명을 무궁하게 한다.'고 하였다. 그러나 不必服神丹(불필복신단)처럼 서석지 탁영반

에서 풍파에 찌든 세상을 멀리하면 신단을 복용할 필요가 없음을 강조하였다.

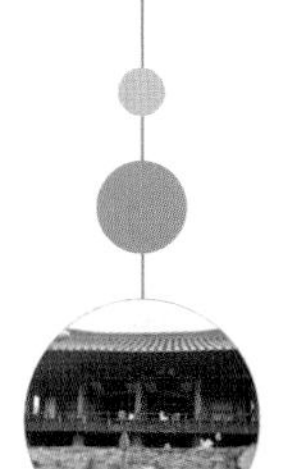

화예석(花蘂石) 꽃과 꽃술을 감상하는 돌

관란석 아래에 있다. 재관란석하(在觀瀾石下)

槿非不爲華 (근비불위화) 무궁화가 화려하지 않은 것은 아니되

朝發夕還謝 (조발석환사) 아침에 피어 저녁에 지니

何如玉刻成 (하여옥각성) 옥으로 깎아 만든 꽃은 어떠한가?

一綻無冬夏 (일탄무동하) 한 번 꽃이 피면 겨울과 여름이 없네.

무궁화처럼 화려하면서 아침에 피어 저녁에 시드는 것보다 돌을 깎아서 옥같이 만든 꽃은 봄, 여름, 가을, 겨울 영원히 변하지 않는다는 지조를 표현하였다.

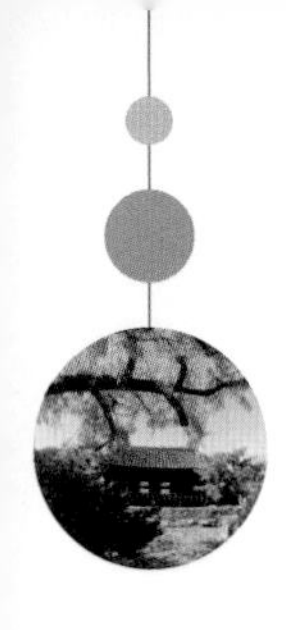

희접암(戲蝶巖) 나비가 노는 돌

동쪽 가에 있는데 화예석과 마주하고 있다. 재동변 여화예상대(在東邊 與花蘂相對)

翩翩一粉蝶 (편편일분접) 훨훨 날며 화분 묻힌 한 마리 나비

如欲趁花開 (여욕진화개) 활짝 핀 꽃을 좇아가려 하네!

莫化蒙莊去 (막화몽장거) 꿈에 장자로 변해

重令世道隤 (중령세도퇴) 명예를 버리고 세상의 도를 떨쳐버리네.

장자(莊子)는 몽현(蒙縣) 지방 사람이며, '나비 꿈' 이야기와 관련이 있다. 옛날 장자가 낮잠을 잠깐 즐길 때, 나비 꿈을 꾸었는데, 훨훨 날아다니는 나비가 되어 자신이 장자라는 사실조차 몰랐다. 내가 꿈에 나비가 된 것일까, 아니면 나비가 꿈에 내가 된 것일까. 그 황홀한 경지에서 나비와 장자 사이에는 주객의 구별은 없었다.

나비가 나는 듯한 바위인 희접암을 보면 장자의 꿈에 나비가 되어 즐거이 놀았다는 호접지몽, 장자지몽을 연상시킨다. '편편(翩翩)'에서처럼 가벼이 훨훨 날아 피어있는 꽃을 찾아가는 모습임을 말해준다.

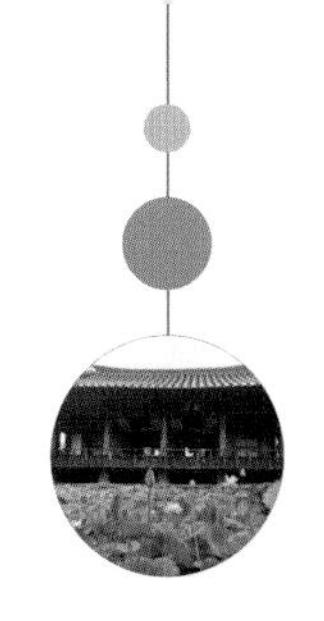

봉운석(封雲石) 구름 속에 날아다니는 학의 모습을 한 돌

海鶴下青溪 (해학하청계) 바다 학이 푸른 시내에 내려와

刷毛迎朝旭 (쇄모영조욱) 깃털 씻고 아침 햇살 맞이하네

彩雲籠其巓 (채운총기령) 오색 구름 정수리에 덮으니

拍拍飛不得 (박박비부득) 푸드덕 날고 싶으나 날 수가 없네.

바다에 사는 학이 시인 자신이 사는 푸른 계곡인 임천 강가의 청기천에 내려온 것을 그리고 있다. 이 돌은 하얀빛을 띠고 있어 학의 깃털과 유사하기에 학으로 비유하였다. 자신의 깃털을 다듬으며 아침 해를 맞이하고 구름이 정수리에 아롱진 학이다. 이보다 고귀한 학이 있을까? 이 학이 창공을 날아가려 해도 날개만 푸드덕거리고 날 수 없구나. 신선을 묘사한 학을 서석지에 잡아놓고 싶은 심정이 아닐까요.

아침 해가 떠오르는 새로운 날이 되자 석문선생은 수양에 힘을 쏟으며 도약을 준비하고 있는 것이다. 그러나 평탄하게 하늘을 비상할 것 같았지만, 석문선생이 시대의 어지러움을 만나 자신의 뜻을 펼쳐보지도 못하였다. 그는 초야에 묻혀 지내지만 순결하고 고귀함을 지니고 있다는 심정을 학에 비유하여 돌에 의지하여 지은 것이다. 물에 잠긴 봉운석을 볼 수 없어 상상으로 그려보았다.

관란석(觀瀾石) 물의 흐름을 관찰하는 돌

화예석 위에 있다. 재화예석상(在花蘂石上)

長出層階下 (장출층계하) 길게 층계 아래까지 뻗어 있네

高居衆石中 (고거중석중) 여러 돌들 가운데 높이 솟아 있네

觀瀾時有得(관란시유득) 물결을 보면 때때로 얻은 바 있으니

欲說意無窮 (욕설의무궁) 말하려 하지만 그 뜻은 끝이 없네.

觀瀾(관란)은 물 흐르는 여울을 보면 그 근원이 있음을 알 수 있다는 뜻이다. 세상만사 전개되는 상황에는 반드시 그 근원이 있으니 이를 파악하여 해결하자는 의미이다. 맹자의 진심상편에 "물을 관찰할 때는 방법이 있으니, 반드시 그 여울을 보아야 한다. 관수유술 필관기란(觀水有術 必觀其瀾)"라는 구절이 있다.

조천촉(調天燭) 광채를 뿜는 촛대 모양의 돌

봉운석 오른쪽에 있는데 모양이 옥으로 만든 병과 같다.

재봉운석우 상여옥호(在封雲石右 狀如玉壺)

立者秀而特 (입자수이특) 서 있는 모습이 빼어나고 특이하니

淸光無遠邇 (청광무원이) 맑은 빛이 멀리까지 비치네

六符旣得平 (육부기득평) 육부(六符)가 이미 평안을 얻었으니

萬方從此理 (만방종차리) 온 세상이 이 이치를 따르도다.

육부에 태계육부(泰階六符)는 사시가 조화로우니 이를 위해 옥촉을 밝힌다. 육부 태계육부사시조 위지옥촉(六符 泰階六符四時調 爲之玉燭)

태계육부(泰階六符)를 살펴보자. 태계(泰階)는 삼태(三台)로 일컬어진다. 삼태는 삼정승을 의미하는 삼공(三公)의 지위로 덕(德)을 베풀고 임금의 명령을 널리 알린다. 삼태에는 하나의 태마다 두 개의 별이 있어 모두 여섯 개의 별이 있다. 여섯 개의 별이 하늘에서 안정되면, 음양의 기운이 조화되어 태평 시대가 온다고 한다. 그래서 삼태의 여섯 개 별을 의미하는 삼태육부는 훌륭한 정승을 가리키는 표현이 되었다. 물에 잠긴 조천촉을 볼 수 없어 상상으로 그려보았다.

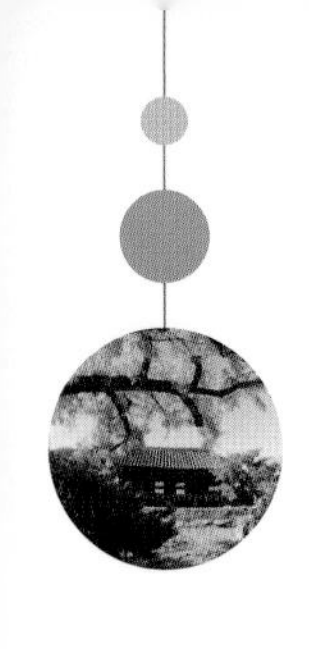

옥계척(玉界尺) 신선의 세계가 시작되는 옥으로 만든 돌

臥者平而頎 (와자평이기) 누운 모습이 평평하고 풍채도 좋으며

方正如繩削 (방정여승삭) 모나고 바르기는 먹줄을 놓은 듯하네

尋尺未須分 (심척미수분) 자를 대어 그 길이를 나누지 않아도

旣枉焉得直 (기왕언득직) 이미 굽은 것을 어찌 곧게 하겠는가.

옥황상제가 사는 하늘 위의 서울, 즉 백옥경을 상징하는 옥계척이다. 도교 경전인 옥추경(玉樞經)과 맥을 유사하게 한다. 도교의 하늘신은 옥황상제에 버금가는 최고신으로 등장하였다.

우리나라에서 옥추경은 악귀를 좇을 때 읽는 경문으로 인식되었다. 독경하면 천 리 귀신이 다 움직인다고 하여 질병을 낫게 해준다는 신앙 때문에 병굿이나 신굿 같은 큰굿에서 가장 많이 읽혔던 민간 도교 경전이다. 물에 잠긴 옥계척을 볼 수 없어 상상으로 그려보았다.

어상석(魚牀石) 물고기 모습을 한 돌

조천촉 오른쪽에 있다. 모나고 바르고 평평하고 곧은 것이 상과 같다. 그 아래가 깊고 넓어 물고기의 소굴이 되었다.

조천촉우 방정평직여상 기저심활 위어굴택
(調天燭右 方正平直如牀 其底深濶 爲魚窟宅)

下瞰牀巖底 (하감상암저) 어상석 바닥을 내려다보니
其中無數魚 (기중무수어) 그 속에 물고기들이 무수히 있네
憐渠得意處 (련거득의처) 저들이 뜻을 얻은 도랑을 어여삐 여겨
不復戒豫且 (불부개예저) 다시 예저(豫且)를 경계하지 않노라.

춘추시대 송(宋)나라 어부의 이름인 예저가 있다. 흰 용이 물고기의 옷을 입었다는 뜻으로, 신분이 높은 사람이 권위를 버리고 민중들과 어울리는 것에 비유하는 백룡어복(白龍魚服) 성어에 예저가 등장한다.

이 성어는 충신의 화신인 오(吳)나라의 오자서(伍子胥)가 왕에게 간하는 말에서 연유하며 그 내용은 다음과 같다. 흰 용이 청령(淸泠)이란 연못에 내려와 물고기로 변해 있었는데 예저가 물고기로 변한 용의 눈을 작살로 쏘아 맞혔다. 흰 용이 하늘로 올라가 천제(天帝)에게 하소연하였다. 그러자 천제가 "그 당시 어느 곳에서 어떤 모습을 하고 있었느냐?"고 물었다. 흰 용이 대답했다. "차가운 연못으로 내려가 물고기로 변해 있었습니다." 그러자 천제가 말했다. "물고기는 사람들이 쏘아 잡을 수 있는 것이

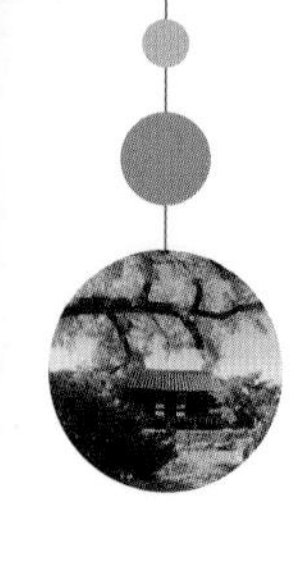

다. 그러니 예저에게는 아무 잘못도 없고 오히려 너에게 잘못이 있다." 하였다.

오자서는 왕에게 말하길 "흰 용은 왕이고, 예저는 송나라의 미천한 신하입니다. 흰 용이 모습을 바꾸지 않았다면 예저 또한 쏘지 않았을 것입니다. 구중궁궐에 사는 왕은 신하들이 전하는 것만으로는 백성들이 구체적으로 어떻게 사는지 알지 못합니다." 그 말을 들은 왕은 아무도 모르게 궁궐 밖으로 나가 백성들의 삶을 알아보았다. 민심을 잘 살펴야 올바른 국정 운영을 펼칠 수 있기 때문이다.

와룡암(臥龍巖) 연못 속에 웅크린 용의 모습을 한 돌

동쪽 가에 있다. 재동변(在東邊)

炎精入楚氛 (염정입초분) 불타는 정기가 가시나무에 들어오니

涇渭誰能分 (경위수능분) 흐리고 맑음을 누가 능히 분간하리

世無德操鑑 (세무덕조감) 세상에 거울삼을 덕이 없으니

牢臥南陽雲 (로와남양운) 남양(南陽)의 구름 속 오두막에 누웠네.

염정(炎精)은 불을 맡아 다스리거나 불을 낸다고 하는 귀신(鬼神)이다. 초분(楚氛)은 왜적의 진영에서 발산되어 이 나라를 위기로 몰아넣고 있는 요사한 기운을 표현한 말이다. 초나라가 남방에 있었기 때문에 남쪽에서 침략해 온 왜구를 상징하는 말로 인용한 것이다. "초나라 진영의 분위기가 매우 험악하니, 장차 대처하기 어려운 일이 벌어질까 두렵다.(楚氛甚惡懼難)"라는 말에서 유래하였다.

흐리고 맑음을 의미하는 경위(涇渭)가 있다. 탁한 경수(涇水)와 맑은 위수(渭水)라는 말로, 이 두 강물은 서로 합류해도 본래 청탁이 뒤섞이지 않는다고 한다. 보통 인물의 우열이나 사물의 진위(眞僞), 사리의 시비(是非)를 가리킨다.

제갈량의 별호인 '와룡'이란 평소 와룡관을 쓰고 있는 와룡선생이라 불렸던 촉한의 제갈량에 얽힌 고사와 관련되어 있다. 유비(劉備)를 만나기 전에 남양(南陽)에서 농사지으며 살았던 제갈량(諸葛亮)은 삼고초려(三顧草廬)에 응하기 전에는 세상에 나타나지 않았다. 삼고초려는 인재를 맞아들이기 위하여 참을성 있게 노력한다는 의미다.

중국 한나라의 임금 유비가 정치가 겸 전략가로 명성이 높은 제갈량의 초가삼간을

세 번 찾아가 협력하자고 간청한다. 드디어 제갈량을 군대의 우두머리로 맞아들여 대승하였다. 즉, 대망의 꿈에 비유되지 않았을까?

▲ 와룡암　　▲ 상운석

상운석(祥雲石) 상서로운 구름 돌

와룡암 앞뒤에 점점이 흩어져 있는 것이 모두 이것이다.

와룡암전후 점점포열자 개시 (臥龍巖前後 點點布列者 皆是)

皎皎展霜縑 (교교전상겸) 달빛처럼 하얀 서리 비단을 펼치니
團團布珩瑀 (단단포형우) 둥글 둥글 옥구슬이 넓게 깔리네
不知方寸間 (부지방촌간) 마음속을 알지 못하겠네
何處藏甘雨 (하처장감우) 어느 곳에 단비를 감추었는지.

단비를 의미하는 甘雨(감우)를 알아보자. 주희(朱熹)는 “양기로 만물을 다습하게 하고 산처럼 우뚝 섰으며, 옥빛처럼 아름답고 종소리처럼 쟁쟁했다. 원기가 한데 모여, 혼연히 천연으로 이루어졌도다. 상서로운 태양이요, 상서로운 구름이며, 온화한 바람이요, 단비와도 같도다. 용덕을 가지고 정중을 지키시니, 그 은택이 천하에 널리 펴졌도다.”라고 한 데서 단비를 인용하였다.

특히 봄철 오랫동안 계속되는 모진 가뭄 끝에 내린 비를 단비라 하며 반갑고 즐거운 일을 빗댈 때 사용한다. 봄 가뭄이 계속되면 흉년이 들 걱정에 농부들은 간절히 비를 기다린다. 밭에 파종도 못하고 논에 못자리도 못하던 터에 그토록 고대하던 단비가 오니 즐거운 일이 아닐 수 없다.

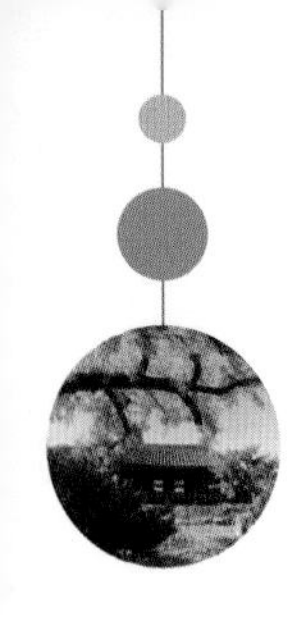

낙성석(落星石) 떨어진 별의 돌

물결의 사이에 흩어져 있다. 점재파간(點在波間)

不謂芙蓉池 (불위부용지) 부용 연못도 아닌데 연꽃이 핀 듯하네

得此文名石 (득차문명석) 이를 얻어 문명석(文名石)이라네

近問太陽下 (근문태양하) 근래 태양 아래서 물어도

無人看太白 (무인간태백) 태백성(太白星)을 본 사람이 없을 것인데.

* 가까이 그 소식을 접하네

서석시 연못의 중간쯤 위치한 낙성석은 단순히 하늘에서 떨어진 별의 돌이라기보다는 별이 떨어지면서 서석지 연못의 아름다운 신선 세계인 소우주를 밝게 비추어 준다는 의미이다. 태백성(太白星)은 샛별로서 금성(金星), 계명성(啓明星), 장경성(長庚星) 등으로 불린다. 이별은 병란(兵亂)을 상징하는 별이다. 특히 이 별이 낮에 나타나는 것을 흉한 조짐으로 여겼다. 물에 잠긴 낙성석을 볼 수 없어 상상으로 그려보았다.

수륜석(垂綸石) 낚싯줄 던지는 돌

와룡암 앞에 있다. 재와룡암전(在臥龍巖前)

裊裊一竿絲 (요요일간사) 간들간들하는 하나의 낚싯줄

蕭蕭雙鬢雪 (소소쌍빈설) 양쪽 귀털 눈 같은 수염이 맑기도 하다

出入物色中 (출입물색중) 만물 가운데를 드나드는데

羊裘非所屑 (양구비소설) 양가죽 옷이 눈가루를 막아 주는구나.

양가죽 옷인 양구(羊裘)는 은둔하는 자나 은거하는 생활을 말한다. 후한(後漢)의 엄광을 비유한다. 엄광이 어려서 광무제(光武帝)와 함께 친하게 지내다가 광무제가 황제에 오르자 이름을 바꾸었다. 그는 숨어 지내다가 광무제의 끈질긴 물색 끝에 발각되어 광무로부터 간의대부(諫議大夫) 벼슬을 제수받았다. 엄광은 끝내 사양하고 산속에 양가죽 옷을 입고서 숨어 밭 갈고 낚시질하다가 일생을 마쳤다.

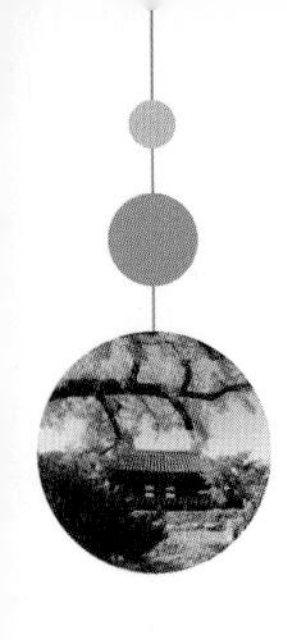

상경석(尙絅石) 높이 존경받는 돌

옥성대 왼쪽에 있다. 재옥성대좌(在玉成臺左)

石能內含章 (석능내함장) 바위가 안에 무늬를 가졌는데

猶惡其有著 (유악기유저) 오히려 그것을 드러내기 싫어하네

人何不務實 (인하불무실) 사람은 어찌하여 실천에 힘쓰지 않고

汲汲求名譽 (급급구명예) 명예를 얻으려고 급급(汲汲)하는가.

중용에 '의금상경(衣錦尙絅)'이 있다. '속에는 비단옷을 입고, 그 위에 홑옷을 걸친다.'는 말이다. 선비는 마땅히 내면을 충실히 하되, 외부의 화려함이나, 명예를 탐내지 말아야 한다는 교훈적 의미를 담고 있다. 물에 잠긴 상경석을 볼 수 없어 상상으로 그려보았다.

쇄설강(灑雪矼) 눈 내리는 징검다리 돌

폭포 아래에 있다. 재폭류하(在瀑流下)

幽幽琪水林 (유유기수림) 그윽한 기수(琪水: 맑은 물)의 숲에

巖石儘奇絶 (암석진기절) 바위 돌이 모두 다 기이한 절경이네

上天或無雲 (상천혹무운) 높은 하늘에 구름이 없어도

壑裏猶飛雪 (학리유비설) 골짜기에는 오히려 눈발이 날리네.

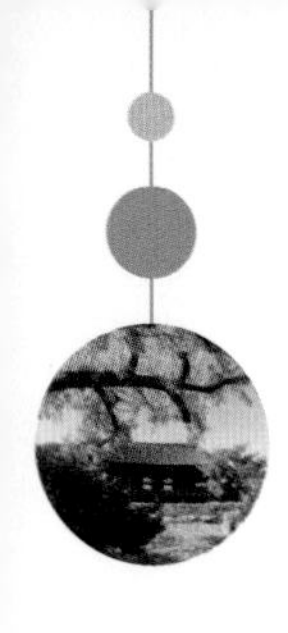

분수석(分水石) 물을 뿜는 돌

폭포 위에 있다.

재폭류상(在瀑流上)

水流雖分二 (수류수분이) 물길이 비록 둘로 나뉘어도
其源一而已 (기원일이이) 그 근원은 하나일 따름이네
此理苟能知 (차리구능지) 이 이치를 진실로 알 수 있다면
當如參也唯 (당여삼야유) 마땅히 증삼(曾參)처럼 대답하리라.

'분수석'은 지혜와 어진 덕성 '인'을 상징하는 것이다. 공자가 말했듯이 "물이 여러 갈래로 흐르지만, 그 근원은 하나"라는 뜻을 지니고 있다. 인간의 근본이 어진 것(어질인)을 상징하고 있는 데서 유래된다.

증삼(曾參)에 대해 알아보자. 논어에 공자가 제자 증삼을 불러서 "나의 도는 하나의 이치로서 모두를 꿰뚫고 있다."라고 하자, 증삼이 "네, 그렇습니다."라고 대답하였다. 다른 문인들이 공자의 말이 무엇을 의미하느냐고 묻자 증삼이 말하기를 "부자의 도는 바로 충성과 용서라는 뜻으로, 충직하고 동정심이 많다."라고 하였다.

분수석(分水石)의 근원을 살펴보자. 서명(西銘)은 이일분수(理一分殊)를 밝힌 것이다. 퇴계의 성학십도 중 제2도가 서명도이다. 이 말에서 분수석이라고 이름 지었다. 이일분수란 모든 사물은 하나의 이치(理)를 지니고 있으나 개개의 사물·현상은 상황에 따라 그 이치가 다르게 나타난다(分殊). 즉, 전체는 하나이지만 전체 속에서 각 개체들은 하나하나의 독립적 개성을 가진다는 의미다. 아래 사진은 아쉽게도 분수석이 있었던 자리이다.

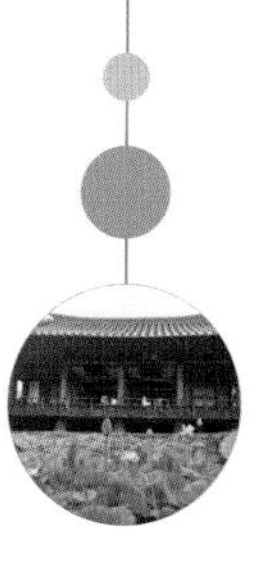

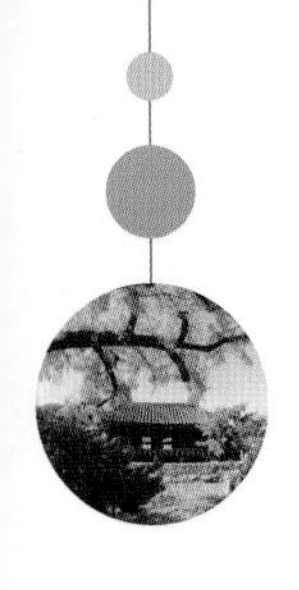

읍청거(挹淸渠) 깨끗한 물이 들어오는 곳

引水入方塘 (인수입방당) 물을 네모난 연못에 끌어들이니

淪漪淸且光 (윤의청차광) 물결이 맑고 잔잔하여 밝게 빛나네

眞源尋可到 (진원심가도) 진원을 찾아 이를 수는 있는데

* 그 참된 진원은 오로지 가물거리며

惟是迫頹陽 (유시박퇴양) 해질 무렵에야 도달할 수 있겠네.

* 사라지는 빛이로구나.

토예거(吐穢渠) 물이 방류되는 곳

물이 방류되는 곳에 석조가 있다. 방수처유석조(放水處有石槽)

天故玉爲槽 (천고옥위조) 옛날 천재가 옥으로 통을 만들어
出入令有處 (출입령유처) 나가고 들어올 곳에 놓았네
吐故而納新 (토고이납신) 옛것을 토해 내고 새것을 들이니
曾聞伯陽語 (증문백양어) 일찍이 백양(伯陽)의 말을 듣노라.

백양(伯陽)은 위백양(魏伯陽)으로 한나라 때 사람이다. 도교사상의 기술을 좋아하여 장생불사한다는 단약(丹藥)을 연구하였다. 제자 세 사람과 같이 산중에 들어가서 단약을 구워 만들어서 신선이 되었다 한다.

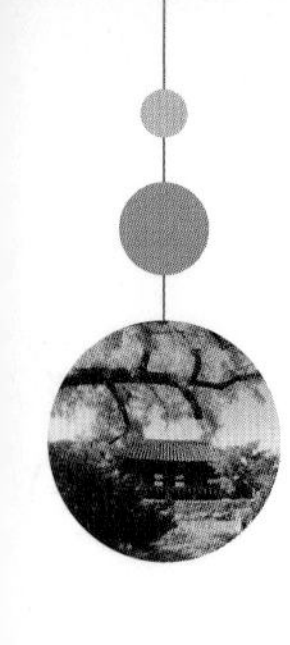

또 지음[又]

聖學有明晦 (성학유명회) 성학(聖學)에는 밝고 어두움이 있지만
天機無古今 (천기무고금) 천기(天機)는 옛날과 지금이 없다네
宣尼不在世 (선니부재세) 공자께서 세상에 계시지 않으니
誰復賞徽音 (수부상휘음) 누가 다시 휘음(徽音)을 들을 수 있으랴.

휘음(徽音)은 문왕의 후비인 태사(大姒)를 칭송한 말로 아름다운 덕행과 언어에 따른 좋은 평판이란 뜻이다. “태사가 휘음을 이으시니 곧 많은 아들을 두었네.”라는 말이 있다.

또 지음[又]

苟非帝室胄 (구비제실주) 구태여 황실의 집이라 할 것 없으나
疇肯幡然起 (주긍번연기) 누가 번연히 일어나려 했겠는가!
興亡只一時 (흥망지일시) 흥하고 망하는 건 다만 한순간이라
大義窮天地 (대의궁천지) 대의는 천지에 떨어지고 마네.

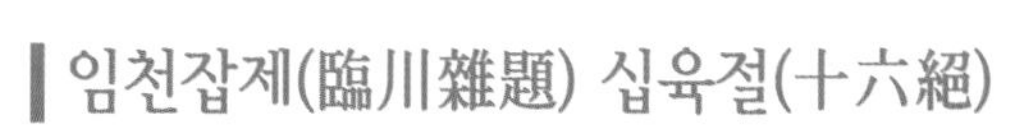

임천잡제(臨川雜題) 십육절(十六絕)

서석지 정원을 감싸고 있는 아름다운 임천 주변을 그림으로 그려보았다. 임천잡제에 수록된 시구의 지명을 최대한 제시하였다.

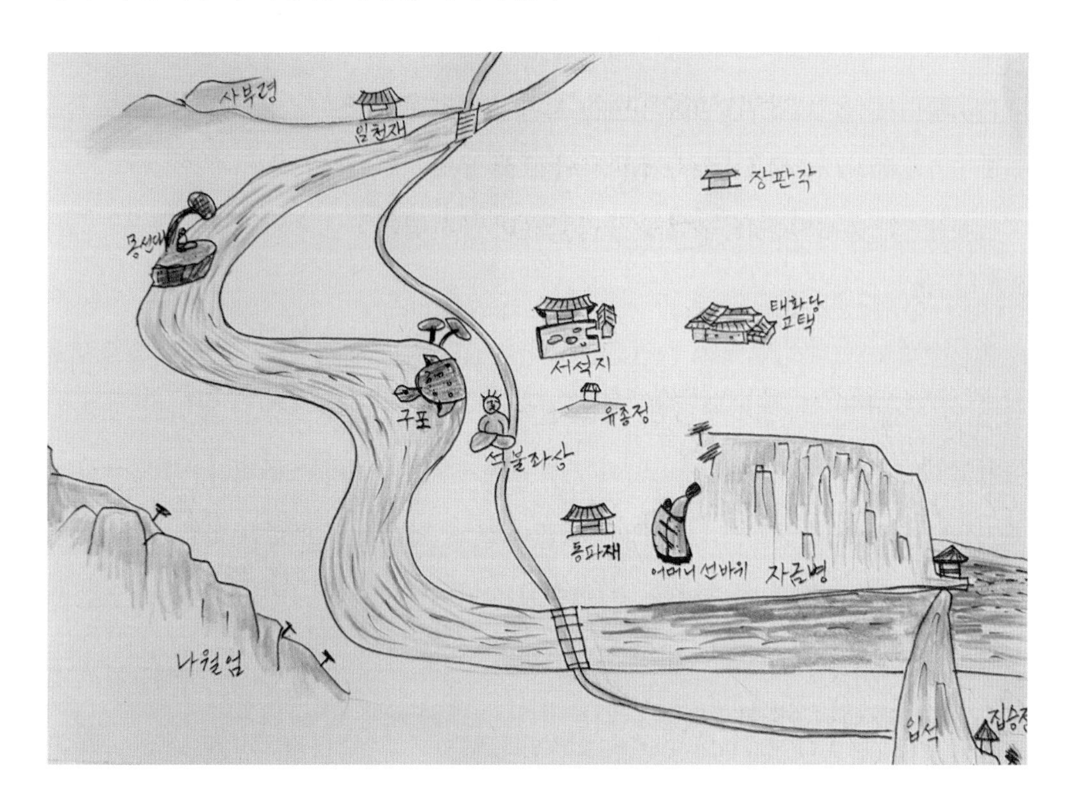

임천(臨川) 숲과 샘이 있는 정원

마을의 옛 이름이다. 촌거구호(村居舊號)

曾於丙子春 (증어병자춘) 일찍이 병자년 봄에
伴宿臨川月 (반숙임천월) 임천의 달을 짝하여 묵었네
夢中五色毫 (몽중오색호) 꿈속에 나타난 오색 붓이
云我資行筆 (운아자행필) 나에게 글씨를 쓰라고 하였네.

석문선생은 서석지 일대를 임천정원이라 하였다. 임천이라 이름 붙인 설명을 다음과 같이 서술하였다. 병자년 3월, 마을 집에 와서 묵을 때 꿈속에서 하나의 함을 나에게 준 자가 말하기를 "어떤 이가 이것을 공에게 보냈다."라고 하였다. 열어 보니 몇 가지 필기도구가 있었는데 다섯 가지 색깔이 밝게 빛나서 눈으로는 바로 볼 수 없었다. 하품하고 기지개를 하면서 잠을 깨니 지는 달이 창에 가득하였다. 마음속으로 말하기를 '업수(鄴水)의 붉은 꽃 빛이 임천(臨川)의 붓에 비쳤네.'라고 하였다. 마을 이름을 '임천'이라 하니 이 꿈이 있었기 때문이다. 그래서 시를 지어 기록한다.

업수의 업은 삼국시대 위나라 도읍지인데 시와 문장에 뛰어났던 조조의 아들 조식이 업의 궁전에서 잔치를 베풀고 시와 문장을 지었다. 그런 연유로 업수는 연못의 붉은 꽃을 노래하는 풍류를 말한다.

일반적으로 임천정원의 정자(亭子)나 루대(樓臺)를 산수정원이라고도 한다. 석문선

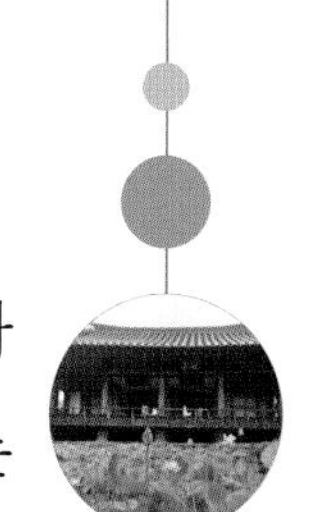

생이 서석지를 조성하고 이 일대를 임천정원이라 하여 산수 자연으로 돌아가고자 하였다. 선생은 자연에 순응하면서 정신적인 즐거움을 찾고, 맑은 정신으로 여유 있는 은둔을 그리워하였다. 그러면서도 자신의 삶에 대한 강인한 수양으로 선비정신을 실천하였다.

▲ 석문선생이 산수를 그리워하면서 즐겼다는 임천 정원의 한 모습

유종정(遺種亭) 귀천(歸天)의 도리를 아는 정자

옛집의 남쪽에 있다. 따로 기문이 있다.

재구우남 별유기 (在舊寓南 別有記)

巍巍聳絶壑 (외외용절학) 우뚝하게 솟은 깊은 골짜기

密密布輕陰 (밀밀포경음) 빽빽하게 옅은 그늘을 펼치네

若使癡騃長 (약사치사장) 만약 어리석은 나를 오래 살게 한다면

從當少鄧林 (종당소등림) 반드시 작은 등림(鄧林)을 이루리라.

등림(鄧林)은 전설상의 숲이다. 옛날에 강한 힘과 끈기로 해의 그림자를 뒤쫓으려 하였던 과보가 있었다. 그는 해를 쫓아 해가 지는 골짜기인 우곡(隅谷)의 끝까지 쫓아 갔다. 목이 말라서 물을 마시고자 하여 황하(黃河)와 위수(渭水)로 가서 물을 마셨다. 황하와 위수의 물로는 모자라서 북으로 달려가 대택(大澤)의 물을 마시려고 하였으나, 거기에 도착하기 전에 목이 말라서 죽어버렸다.

그의 지팡이가 버려진 곳에 과보의 시체 썩은 기름과 살이 스며들자 등림이라는 수풀이 생겼는데, 그 등림의 넓이는 수천 리에 이른다.

▲ 옛 유종정 자리다. 소나무 군락인 솔동천이 있었다고 전한다.

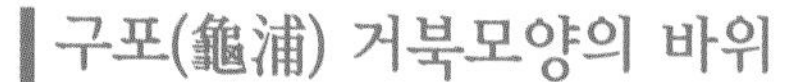

구포(龜浦) 거북모양의 바위

못 위에 돌이 있는데 거북의 모양과 흡사하다.

담상유석 혹사구형 (潭上有石 酷似龜形)

桑田知幾變 (상전지기변) 뽕밭이 몇 번이나 변한 것을 아는가!

藏六留遺骨 (장륙유유골) 거북이 머물러 유골이 되니

死猶憶淸潭 (사유억청담) 죽어서도 오히려 맑은 못을 생각하고

不願藏藻梲 (불원장조절) 동자기둥 무늬에 감추기를 원치 않네.

장륙(藏六)은 귀장륙(龜藏六)의 준말로, 거북이가 위험한 상황을 만나면 머리, 꼬리, 네 발 등 여섯 곳을 두꺼운 갑각(甲殼) 안에 감춘다. 이처럼, 수행자도 안(眼), 이(耳), 비(鼻), 설(舌), 신(身), 의(意)의 육근(六根)을 잘 단속해야 한다는 불교의 교설에서 유래한 것이다.

조절(藻梲)은 논어에 다음과 같이 나온다. '대부인 장문중이 큰 거북의 등껍질을 보관한 궁궐의 기둥 끝에 산 모양을 새기고 대들보 무늬를 그려 넣어 화려하게 꾸몄으니, 어찌 그를 지혜롭다고 하겠는가. 즉, 장문중이 대부이지만 천자의 흉내를 냈으니 예에 어긋난다는 의미이다. 장문중거채 산절조절 하여기지야 (臧文仲居蔡山節藻梲 何如其知也)'라는 문장이 있다.

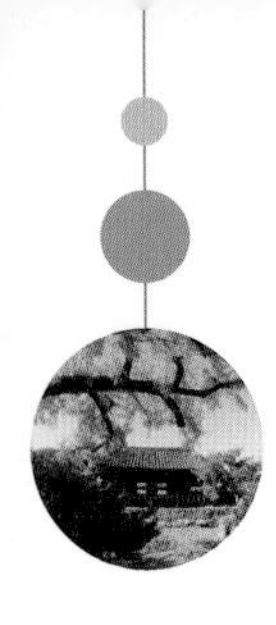

나월엄(蘿月崦) 담장이 덩굴에 걸린 달을 보는 산

新月照西麓 (신월조서록) 새로 뜬 달이 서쪽 기슭을 비추니

巖光爛如玉 (암광란여옥) 바위 빛이 옥처럼 찬란하네

我欲往觀之 (아욕왕관지) 내가 가서 자세히 보려 하였지만

荔壁無行迹 (여벽무행적) 아름다운 벼랑길은 찾을 수 없네.

벽려(薜荔)는 향기 나는 나무 덩굴 이름으로 은둔하는 사람이 입는 옷을 말한다. '벽려의 떨어진 꽃술 꿰어 몸에 두른다'라는 말이 있다.

▲ 겨울철 나월엄 사진이다. 어렸을 때 원없이 놀았던 강가의 차가운 얼음이 운치를 더해준다.

자양산(紫陽山) 서석지를 둘러싼 자주색의 양지바른 산

주산(主山)의 흙이 자주색이고 북쪽에 물이 있어서 자양(紫陽)이라 이름하였다. 옛날 주자(朱子)선생이 거처하던 땅이 자양이었다. 마땅히 배워야 할 것을 배우지 아니하고 산천의 아름다운 이름에만 얽매이니 매번 그 이름을 일컬을 때마다 스스로 비웃을 따름이다.

주산토색자 우재수북 고명자양 석주선생소거지위자양 불학기소당학자 이독구구어산천지미호 매일칭지 시자신이 (主山土色紫 又在水北 故名紫陽 昔朱先生所居地爲紫陽 不學其所當學者 而獨區區於山川之美號 每一稱之 時自哂耳)

盛德由心學 (성덕유심학) 덕을 쌓기는 마음으로 배워야 하는데
山名只口傳 (산명지구전) 산 이름은 다만 입으로만 전해지네
遺珠空守櫝 (유주공수독) 구슬을 잃고 나서 빈 독(櫝)만 지키는가
其亦異前賢 (기적이전현) 그 또한 전대의 현인과 다르구나.

유주(遺珠)는 소중한 구슬을 잃는다는 뜻으로, 초야에 묻혀 발탁되지 못한 뛰어난 인재를 비유한 말이다. 당나라 측천무후 시대의 재상(宰相)까지 한 적인걸이 변주 지역의 판좌 벼슬이 되었다가 서리에게 모함을 당했다. 이 광경을 본 유명한 사람이 그를 보고 "공자는 허물을 보고 그의 인을 안다고 하였는데, 그대는 유주라 할 만하다."라고 하였다.

▲ 자양산

▲ 대박산

대박산(大朴山) 서석지의 조산(祖山)

자양산의 조산(祖山)은 청기(靑杞: 현재 경북 영양군 청기면을 가리킴)의 동쪽에 있다. 대박은 옛 이름이다.

자양조산재청기동 대박시구호 (紫陽祖山在靑杞東 大朴是舊號)

大朴未消散 (대박미소산) 크고 순박함이 사라져 흩어지지 않고
融爲一巨嶽 (융위일거악) 융화하여 하나의 큰 산이 되었네
或能産英豪 (혹능산영호) 언젠가는 영웅호걸이 태어날 수 있으니
回我三韓俗 (회아삼한속) 우리 삼한의 풍속을 되돌릴 수 있을까?

풍수를 보는 법 중에 '회룡고조(迴龍顧祖)'란 용어가 있다. 풍수에서 산을 보는 법은 시조 산을 중심으로 산맥을 따라 내려오면서 보는 법이다. 시를 보는 법도 이와 마찬가지이다. 항상 제목에서부터 쭉 내려오면서 보아야 한다. 정영방은 대박산을 서석지의 큰 산 격인 조산으로 규정하였다.

석문선생은 서석지의 주산인 자양산과 대박산의 외부 정원을 내부 정원과 자연스럽게 연결하려 하였다. 그리고는 그 태초의 순박함을 강조하고 있다. 언젠가는 영웅호걸이 태어날 수 있고 우리 삼한의 풍속은 돌아오리라는 민족 문학적 상상력을 엿볼 수 있다. 요즘은 흥림산이라 한다. 그 연유는 모르겠다.

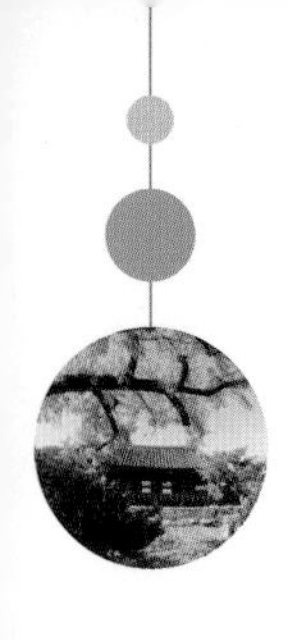

석문(石門) 돌문

江畔一株石 (강반일주석) 큰 강둑에 한그루의 돌기둥이 섰으니

亭亭半碧空 (정정반벽공) 우뚝 솟은 모양은 푸른 하늘의 절반에 솟았내

無能徒偃寒 (무능도언한) 함부로 거드름을 피운 것은 없으며

還似石門翁 (환사석문옹) 돌아보니 석문옹(石門翁)과 흡사하구나.

입석(立石) 돌이 우뚝 서 있는 선바위

합강에 있으며 높이가 10여 길이다. 재합강 고십여장(在合江 高十餘丈)

六鰲骨未朽 (육오골미휴) 여섯 마리 거북 뼈가 아직도 썩지 않고
撑柱五雲層 (장주오운층) 오색구름을 지탱하는 기둥이 되었네
杞婦獨癡絶 (기부독치절) 기부(杞婦) 같은 어리석음만 없으면
謾憂天或崩 (만우천혹붕) 하늘이 무너질까 쓸데없이 걱정하네.

여섯 마리 자라 뼈를 의미하는 육오골(六鰲骨)이 신화 속에 나온다. 육오는 여섯 마리의 큰 자라가 다섯 신선이 사는 산을 떠받치고 있다는 의미이다. 많은 시인이 입암이라 하며 시를 읊었다.

중국 발해의 동쪽에 깊은 바다가 있고 그 속에 대여, 원교, 방호, 영주, 봉래 등 다섯 개의 산에 신선이 살고 있다. 그 산들이 모두 바다에 떠 있어 항상 조수에 따라 왕래하였다. 상제(上帝)가 그 산들이 서쪽으로 떠내려가 신선들이 거처를 잃게 될까 염려하여 중국 신화에 나오는 우강에게 명하여 큰 거북 여섯 마리로 하여금 번갈아 산을 떠받치도록 하였는데, 그 뒤에 비로소 다섯 개 산이 우뚝 솟아 움직이지 않았다.

그런데 용백국(龍伯國)의 어떤 대인(大人)이 몇 걸음 정도 발을 떼자 다섯 개 산에까지 닿아 단 한 번에 여섯 마리의 거북을 낚아서 돌아가 갑골(甲骨)을 불로 지졌다. 이에 대여, 원교 두 산은 북극으로 떠내려가 바닷속에 가라앉아 버렸으므로 수많은 신선이 떠돌아다녔다.

기부(杞婦)는 춘추시대 제(齊)나라 기량(杞梁)의 부인을 말한다. 제나라 장공(莊公)이

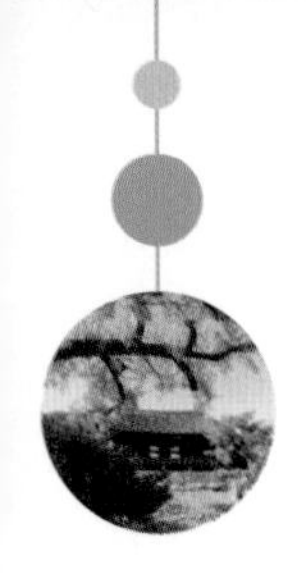

전쟁을 일으킬 때 기량이 전사했는데, 그의 아내가 길에서 남편의 시신을 맞이하면서 열흘 동안 슬프게 울자 성이 무너졌다고 한다.

눈물로 성을 무너뜨렸으니, 혹 입암이 무너지면 어쩌나 걱정하는 것이다. 중국 기나라 사람들이 하늘이 무너질까 걱정했다는 기우(杞憂)의 고사와 연결된다.

집승정(集勝亭) 절경을 모아보는 정자

입석 위에 있다. 재입석상(在立石上)

爲待漁舟子 (위대어주자) 고기 잡는 어부를 기다리기 위하여
巖扉夜不扃 (암비야불상) 바위 문을 밤에도 닫지 않았네
淸宵林下見 (청소임하견) 맑은 밤에 숲 아래를 내려다보니
月滿集勝亭 (월만집승정) 달빛만 집승정에 가득히 비추네.

이조판서였던 약봉 서성(徐渻)은 1616년 단양의 유배지에서 현재의 영양으로 옮기게 되어 5년간의 세월을 보내게 되었다. 당시 서성은 연당 앞 석문의 남쪽 벼랑 절벽의 산마루 위에 집승정(集勝亭)을 짓고 이곳에서 살았다고 한다. 정영방에게 준 그의 오언율시를 보면 정영방과 서성은 교분이 많았음을 보여주고 있다.

▲ 우측 입석 위에 집승정이 있었고, 현재는 집터가 어렴풋이 있다. 우측의 입석과 좌측의 부용봉

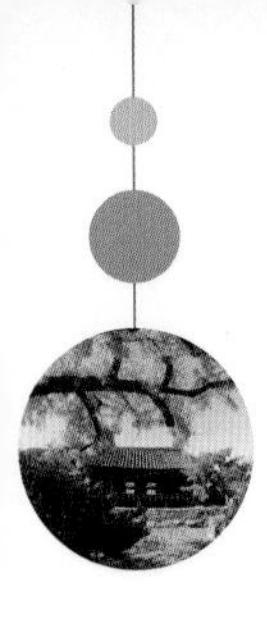

부용봉(芙蓉峯) 연꽃 모양의 봉우리

바로 집승정 위의 봉우리이다. 즉집승지상봉(卽集勝之上峯)

誰將玉井蓮 (수장옥정연) 누가 옥(玉) 같은 우물의 연꽃을 가져다
種在銀河畔 (종재은하반) 은하수 둑에 심어 두었던가
煙雨去相遙 (연우거상요) 안개비와 거리가 너무 멀어서
孤芳猶未綻 (고방유미탄) 외로운 꽃은 봉우리조차 피지 않네.

옥정(玉井)은 중국의 높고 험준한 태화산(太華山) 꼭대기에 있다는 못 이름이다. '태화산 꼭대기 옥정에 있는 연은 꽃이 피면 열 장이요 뿌리는 배와 같다네.'라고 하였다.

충청남도 연기군의 금남면에도 부용봉이 있다. 연꽃이 물에 뜬 연화정수형(蓮花淨水形)의 명당이 있다는 데서 지명이 유래했다고 전한다. 이 산봉우리 주위에 묘를 쓸 때는 비석 등의 석물을 하지 않는데, 이는 이 산봉이 연꽃에 해당하기 때문이라는 것이다. 산봉의 명당자리에 맞지 않는 사람이 묘를 쓸 경우는 산봉 아랫마을에 불이 남으로 묘를 못 쓰게 했다고 한다. 안동 하회마을 건너편에 부용대가 있다.

자금병(紫錦屛) 자줏색 비단의 병풍바위

紫蓋丹扆北 (자개단의북) 자줏빛 덮개 붉은 병풍 북쪽에

芙蓉壁月東 (부용벽월동) 부용봉 절벽 달이 동쪽에 뜨면

人間奇絶地 (인간기절지) 인간 세상 가장 아름다운 땅이

盡在一屛中 (진재일병중) 한 폭의 병풍 안에 다 있구나.

▲ 천혜의 절경을 자랑하는 자금병이다.

▲ 부용봉은 아래 그림에서 자금병 맞은편 입석을 안고 있는 산이다.

청기계(靑杞溪) 청기에서 흘러오는 시내

청기는 옛 현의 이름이다. 청기고현명(靑杞古縣名)

溪上千章木 (계상천장목) 시냇가에 자라는 천 그루 나무가
非無杞梓材 (비무기재재) 좋은 재질의 나무가 아닌 것 없네
如何人不識 (여하인불식) 어찌하여 사람들은 알지 못하여
大厦任將頹 (대하임장퇴) 큰 집이 무너지게 하였단 말인가.

가지천(嘉芝川) 영양천(반변천)의 옛 이름

옛 이름을 따랐다. 인구호(因舊號)

敢問歌芝子 (감문가지자) 지초를 노래하는 이에게 감히 묻노니
能無駟馬憂 (능무사마우) 사마(駟馬)의 근심이 없을 수 있는지
何知奇偉節 (하지기위절) 강한 절개를 가진 사람도 어찌 알리오
誤墮幄中籌 (오타악중주) 잘못하여 조정의 정사에 빠질 줄을.

지초(지치과에 속하는 뿌리식물)를 노래하는 가지자(歌芝子)는 진나라 말기에 난리를 피하여 상산(商山)에 은거한 네 노인인 동원공, 기리계, 하황공, 녹리 선생이다. 이 네 노인의 수염과 눈썹까지 희다 해서 사호(四皓)라 하였다. 그래서 이들을 상산사호(商山四皓)라 한다. 한고조(漢高祖)의 초빙에도 응하지 않고 지초를 캐 먹고 그 시절을 그리워하면서 지내는 자지가(紫芝歌)를 지어 스스로 노래했다.

사마(駟馬)의 근심은 상산사호가 불렀다는 은자(隱者)의 노래 가사에 "막막한 상락 땅에 깊은 골짜기 완만하니, 밝고 환한 자지로 주림을 달랠 만하도다. 황제의 시대 아득하니 내 장차 어디로 돌아갈거나. 사마가 끄는 높은 수레는 그 근심 매우 크다. 부귀를 누리며 남을 두려워하느니 차라리 빈천하더라도 세상을 깔보며 살리라."라고 하였다.

한 번 뱉은 말은 사마가 따라갈 수 없을 정도로 빠르다. 사마난추(駟馬難追)는 말이란 한 번 뱉으면 네 필의 말이 끄는 수레로도 따라갈 수 없을 정도로 빠른 것이니, 입

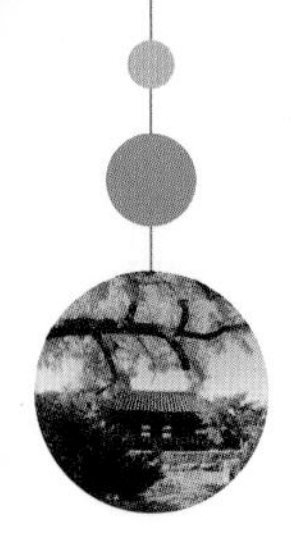

조심을 하라는 뜻이다.

자금병 뒷부분을 흐르는 가지천. 멀리 입석과 부용봉이 보인다.

골입암(骨立巖) 뼈가 드러난 바위

紫錦屛西角 (자금병서각) 자금병의 서쪽 부분 모서리에

高孤骨立巖 (고고골입암) 골입암이 높고 외롭게 솟았네

全身淸若此 (전신청약차) 온몸이 맑기가 이와 같으니

應復哂人饞 (응부신인참) 또다시 사람의 탐욕을 비웃고 있네

위의 시는 자금병에서 임천강을 건너 부용봉 자락의 서쪽 모서리에 있는 뼈처럼 서 있는 바위를 읊은 작품이다. 지리적으로 부용봉의 산자락이 외로운 하나의 산이다. 이에 어울리게 골입암도 외딴곳에 홀로 있음을 말해 주고 있다. 그에 맞게 골입암의 사물의 움직임이 나타나지 않는 외로운 모습을 노래한다. 마치 정지된 화면을 보여줌으로 골입암의 위치와 모양을 상상하게 해주며 흥미를 더해준다.

이는 당시 혼탁한 시대에 합류하지 않고 외딴곳에 홀로 있는 모습이다. 즉, 석문 정영방이 외딴곳에 은거하게 된 작자의 감정을 골입암에 이입하고 있다. 마지막 구절에서는 작자의 의지가 한층 반영되는데, 다른 이들의 탐욕을 비웃고 자신의 맑음을 은연중에 표출하고 있다.

초선도(超僊島) 신선의 경지를 능가하는 바위섬

북평에 있다.

재북평(在北坪)

超然鶴背翁 (초연학배옹) 초연히 학의 등에 탄 늙은이

獨立滄浪月 (독립창랑월) 푸른 물결 달빛 아래 홀로 서있네

每見雙凫飛 (매견쌍부비) 매번 두 마리 오리가 나는 것을 보니

遙知朝玉闕 (요지조옥궐) 멀리 대궐에서 조회함을 알겠네.

每見雙凫飛 (매견쌍부비)를 알아보자. 후한(後漢) 때에 기발한 요술이 있었던 왕교가 지역 관리로 있으면서 매월 삭망(朔望)으로 조회를 올 적에 그의 수레가 보이지 않자, 임금이 몰래 태사(太史)를 시켜 그를 엿보게 한 결과, 그가 올 때마다 반드시 오리 두 마리가 동남쪽에서 날아오므로, 이를 그물로 잡아놓고 보니 바로 신 한 짝이 있을 뿐 오리는 없었다는 고사에서 온 말이다. 그 관리는 하늘에서 자신을 부른다고 하여 신선이 되어 갔다고 한다.

玉闕(옥궐)은 궁궐을 아름답게 이르는 말이다. 옥으로 아로새긴 궁궐이라는 뜻으로, 신선의 궁전을 의미한다.

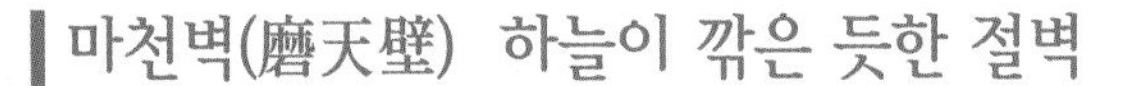

마천벽(磨天壁) 하늘이 깎은 듯한 절벽

山學直方大 (산학직방대) 산에게 곧고 방정하고 큼을 배워서

壁立千仞彊 (벽립천인강) 절벽은 천길 높이 굳게 서 있네

川爲道德波 (천위도덕파) 시냇물은 도덕스런 물결이 일고

流光萬里長 (유광만리장) 흘러서 만리까지 길게 비추네.

직방대(直方大)에 대해 살펴보자. 『역경(易經)』의 '곤괘(坤卦)' 편에 "곧고 방정하고 크도다, 익히지 않아도 이롭지 않음이 없으리라. 직방대 불습 무불리 (直方大 不習 无不利)"라고 한 데서 나온 말이다.

유광(流光)은 소동파의 적벽부에 "계수나무 노와 목란(木蘭) 삿대로 맑은 물결을 치며 달빛 흐르는 강물을 거슬러 오른다. 계도혜란장 격공명혜소류광 (桂棹兮蘭槳, 擊空明兮泝流光)"라고 한 데서 나온 말이다. 밝은 달빛이 비친 강물을 형용한 의미다.

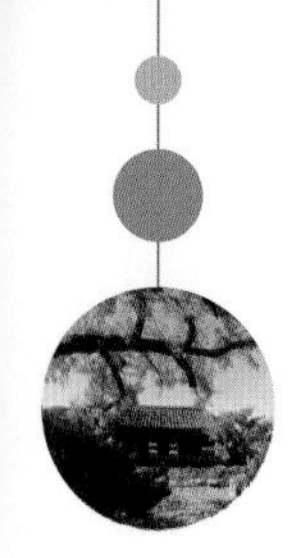

문암(文巖) 문채가 나는 바위

경자년(庚子年) 겨울에 진보현감 정자야(鄭子野) 씨와 함께 이곳에서 눈을 감상하였다. 문암과 대박산이 모두 수십 리 밖에 있지만 이곳에 이르는 자는 산수(山水)의 원위(源委)만을 보고자 할 따름이다.

병자동 여진수정자야씨상설어차 문암며대박개재수십리외 이유차급지자 욕견산수지원위이

(庚子冬 與眞守鄭子野氏賞雪于此 文巖與大朴皆在數十里外 而猶且及之者 欲見山水之源委耳)

山川相繆結 (산천상무결) 산과 내가 서로 얽힌 곳에
定爲幽居設 (정위유거설) 은거할 장소를 마련하였네
可惜舊日遊 (가석구일유) 지난날 놀던 시절이 정말 그립구나
但賞文巖雪 (단상문암설) 문암(文巖)에 내린 눈만 감상하노라.

원위(源委)는 물의 발원과 끝을 말한다. "원(源)은 샘이 솟아 나오는 곳이고, 위(委)는 물이 흘러 모이는 곳이다."라고 하였다. "삼왕이 물에 제사를 지낼 때 먼저 개울에 지내고 마지막에 바다에 지냈다. 개울은 물의 발원지이며 바다는 물이 흘러 모여드는 곳이기 때문이다. 이를 일러 근본에 힘쓴다고 하였다."라고 한다. 문암은 서석지 정원의 끝으로 물이 모여드는 곳이다.

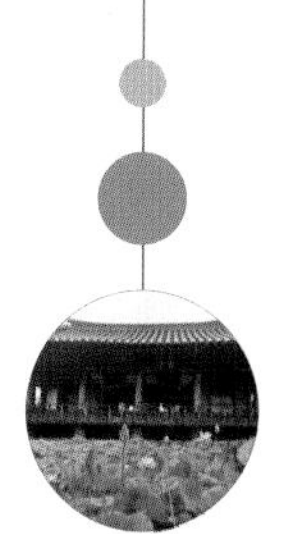

요즘도 제사의 일종인 설날 차례를 지낼 때 작은집부터 큰집 다음 종가 순으로 지내는 관례와 유사하다.

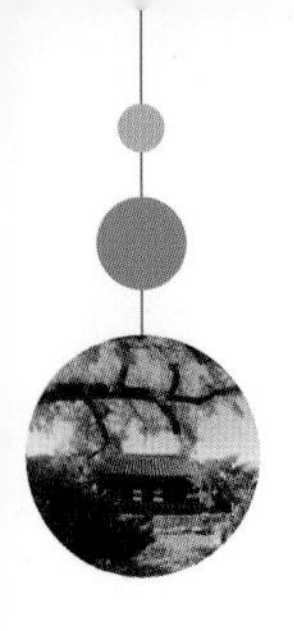

5

서석지 정신문화

서석지 시와 관계된
사서삼경 및 정신세계의
의미와 상징성을 알아보자.

조선시대의 정신적인 기본 틀은 어질고 예의를 중시하는 성리학이다. 서석지는 성리학을 기본으로 한 유학 공부를 위한 학자의 정원이다. 『논어』에 '현명한 사람은 그 세상을 피하고, 그 지역을 피하고, 그 말을 피한다.'라고 했다.

석문선생은 그 당시 어수선한 정치와 광해군의 예를 어기는 정치를 목격하였다. 자연에 파묻힌 현실 도피적이다. 현대 시대에서 보면 모순점이 있을 수 있다.

선생은 서석지에 은둔하여 아름다운 자연에 인공을 가하여 자신의 생활공간으로 삼았다. 그 안에 경정과 주일재를 짓고 나무와 꽃을 심어 아름답게 조성하였다. 서석지 정원 조성 시 자연과 조화를 이루도록 꾸몄다. 그 속에 숨어 있는 사상을 알아보자.

1. 경정과 주일재

경정과 주일재는 서석지 정원의 핵심 건물이라 할 수 있다. '경(敬)'이라고 쓴 편액에는 석문 정영방 선생의 생활 철학과 학문하는 태도가 반영돼있다.

'경'은 주자가 성리학의 처음이자 끝이라고 하였다. 이는 '거경궁리(居敬窮理)'에서

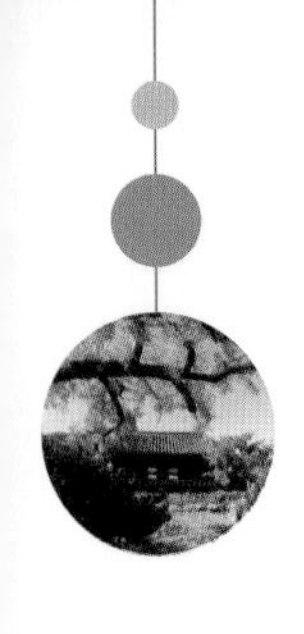

따온 것이다. '거경궁리'란 마음을 한곳에 집중하여 바르게 한 뒤에야 천지 만물의 이치를 깨달아 온전한 지식을 얻을 수 있다는 의미이다. 성리학에서 중요시하는 수양과 학문하는 태도를 말한다.

그리고 주일재 서재의 '주일'은 '주일무적(主一無適)'이라는 말에서 따온 것이다. 주일은 항상 마음을 한곳에 집중하고 있어서 다른 것에 흔들림이 없음을 뜻한다.

벼슬살이에 염증을 느껴 고향이 아닌 영양군 연당 서석지에 정착한 석문선생은 마음을 한곳에 집중하여 수신하면서 학문에 매진하였다. 공부하는 틈틈이 그는 경정에 올라 천혜의 자연을 바라보며 더러운 진흙 속에서도 맑고 향기로운 꽃을 피우는 연못의 연꽃을 감상하였다. 아울러 속세에 찌든 몸과 마음을 '경'의 정신과 '주일'하는 태도로 맑고 깨끗하게 유지하려 했다.

- 거경궁리(居敬窮理): 주자학에서 중시하는 학문 수양에는 두 가지 방법이 있다. 거경은 내적 수양법으로 항상 몸과 마음을 바르게 하고, 궁리는 외적 수양법으로 널리 사물의 이치를 연구하여 정확한 지식을 얻는 일이다. 마음을 한곳에 집중하여 바르게 한 뒤에야 천지만물의 이치를 탐구하여 확실한 지식을 얻을 수 있다는 의미이다.

- 주일무적(主一無適): 명사 철학 중국 송나라의 정주(程朱: 중국 송나라의 유학자 정호(程顥)・정이(程頤) 형제와 주희를 아울러 이르는 말)의 수양설(修養說)이다. 정이가 처음에 주창하고 주희가 이어받아 주장한 것으로 마음에 경(敬)을 두고 정신을 집중하여 외부 환경에 마음을 두지 않는다. 마음을 한곳에 집중하고 있어 다른 것에 흔들림이 없음을 뜻한다. 현대를 사는데 큰 정신적 축이 된다.

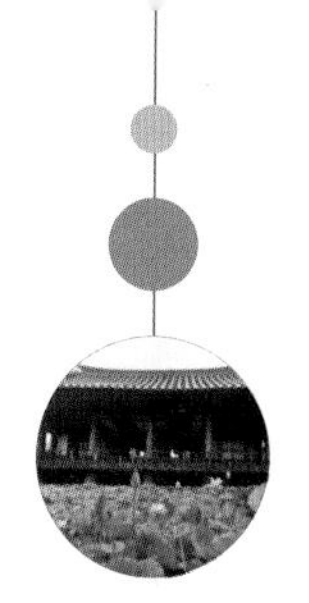

- 경(敬)을 성리학 관점에서 다음과 같이 살펴보았다.
  - 마음을 오로지 한군데에만 집중하여 다른 데로 옮기지 않는 주일무적(主一無適)이다.
  - 늘 마음을 깨어있도록 유지하는 상성성법(常惺惺法)이다.
  - 맹목적인 욕구로 인하여 잡념이 생기지 않고 본심을 한곳으로 몰두하는 기심수렴(其心收斂)이다. 상성성법과 기심수렴을 연결하면 마음이 깨어있어야 본심을 한곳으로 몰두한다.
  - 항상 몸가짐과 언행을 조심하는 마음 자세이다.
  - 욕망에 이끌려 해이해지거나 간사한 마음과 태도를 정돈하여 엄숙하게 통제하는 정제엄숙(整齊嚴肅)이다.

2. 영귀제

『논어』의 '선진편'에 "욕호기 풍호무우 영이귀(浴乎沂 風乎舞雩 詠而歸)"라는 구절에서 따온 것이다. 이 글귀의 의미를 알아보자. 공자가 하루는 제자들에게 평소의 포부를 물었더니, 자로를 위시한 다수의 제자는 모두 정치적 야심을 토로하였는데, 증점이라는 제자는 "늦은 봄 따뜻한 날씨에 옷을 갈아입고 예닐곱 명의 젊은 사람과 대여섯 명의 어른들(제자)과 함께 기수에서 목욕하고 무우(산꼭대기의 기우제를 지내는 곳)에서 바람을 쐬고 시를 읊으며 돌아오는 삶을 살고 싶다."라고 답하였다. 이에 공자가 "나도 증점처럼 하고자 한다."라고 했는데, 이로부터 '영귀'는 '안빈낙도(安貧樂道)'의 의미로 널리 쓰이게 되었다.

안빈낙도는 가난하게 살면서도 편안한 마음으로, 하늘의 도리를 지키면서 즐거움

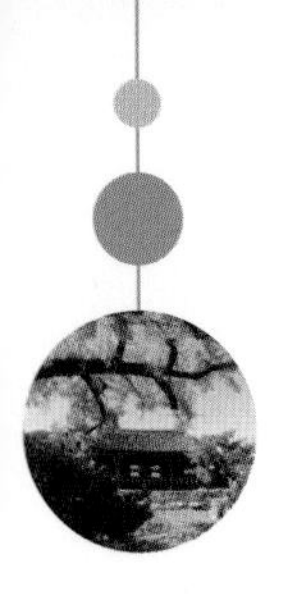

을 찾는다는 의미다. 맹자는 “사람이 편히 살 만한 곳을 택하는 데서 좋은 인품이 나오고, 걸어가는 길처럼 바로 행하는 것이 의리를 지킴이다.”라고 했다. 안(安)을 살펴보자. 물질보다 정신이 중요하고, 정신적 안정은 편안한 쉼터의 확보로부터 출발한다. 여기에 즐거움이 추가되면 안락(安樂)이다.

편안하게 쉬는 것을 안식이라 한다. 기독교에서 신자들이 모든 일을 그만두고, 종교상의 의식을 집행하는 거룩한 날(일요일)도 안식일이다. 또 주일에 그치지 않고 7년을 주기로, 한 해를 쉬는 것이 유대인 풍습의 안식년(安息年)이다. 기독교의 선교사는 이런 풍습을 받아들여 7년마다 1년을 쉬며, 대학교수가 연구년으로 강의를 하지 않고 좋아하는 분야를 매진하는 것도 같은 맥락이다.

또한, 승려들이나 불자들이 절이나 가정을 떠나 편안한 자세로 수행하는 것을 안거(安居)라 한다. 겨울에는 동안거, 여름에는 하안거를 취한다. 야구경기에서 공을 확실하게 받아치는 것을 안타라 한다. 이러한 모든 말 가운데에는 모두 ‘불안함이 없다’는 뜻이 담겨 있는 공통점이 있다.

3. 관란석과 어상석

관란석은 끊임없이 학문을 증진하란 의미가 있다. 관란(觀瀾)이란 이름은 관수유술필관기란(觀水有術 必觀基瀾)에서 취했다. 물을 관찰하는 데는 기법이 있으니 반드시 그 물결을 관찰해야 한다. 물살이 튀기면서 바뀌고 꺾이는 곳에서 어떻게 처신할 것인가? 이것은 도의 근원을 관찰하라는 것이다. 물은 어디에서부터 흘러 강을 이루는가? 깊은 산속의 옹달샘에서부터이다. 물은 도저히 넘지 못할 높은 곳을 만나면 돌아서 흐른다. 누구나 풍파를 겪는다. 자연의 순리에 따르는 물의 흐름을 살펴보면 어떨까?

『맹자』의 '진심장' 편에 '성인의 도가 크고 근본이 있으니, 배우는 자는 반드시 오랜 세월 동안 기초적 실력부터 부지런히 쌓아라. 즉, 쉬지 아니하는 계곡물처럼 끊임없이 공부해야 이에 도달할 수 있다.'는 뜻이 있다.

『장자』의 '추수' 편에 장자와 혜자의 대화 내용의 달관의 경지인 관어(觀魚)를 알아보자. 장자가 자신을 질시하는 혜자와 함께 다리 위를 거닐면서 물속에 헤엄치는 물고기를 보았다. 장자가 '어락(漁樂: 물고기가 물속에서 헤엄치고 즐겁게 오고 간다)'이라고 말하니, 혜자는 "당신이 물고기가 아닌데, 어찌 물고기의 즐거움을 알 수 있는가?"라고 비아냥거렸다. 이에 장자가 답하기를 "자네는 내가 아닌데, 어찌 물고기의 즐거움을 모른다고 하는가?"라고 일침을 놓았다.

이러한 도가적 대화에 연유하여 물고기의 자유스러운 '군집유영'을 '안분지족', '무애' 또는 원천적인 즐거움의 상징형으로 여겼다. '관어'의 경지는 곧 장자와 혜자의 달관의 경지에서 무한한 자유와 평화를 누릴 수 있기를 바라는 심정에서 '관어'의 개념에서 사용했으리라 생각된다.

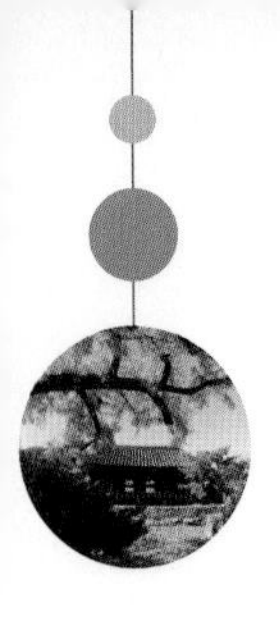

6

서석지 수목화초

- 서석지에 존재한 나무와 꽃 -

서석지에 있는 나무와 꽃의
상징성을 알아보자.

꽃이 피어서 지지 않으면 꽃이 아니다. 꽃이 피어서 져야만 열매가 맺기 때문이다. 세상에 존재하는 모든 생물은 번식을 통하여 대를 이어간다. 동물은 알이나 새끼를 낳아 대를 이어간다. 식물이나 나무에게 꽃은 단지 제 씨앗을 남기기 위한 수단에 불과한 것이다. 사람들은 그러한 식물과 나무들의 꽃을 보며 즐거워하고 아름다운 마음을 간직하지만, 꽃이나 나무는 생존 본능에 의해 꽃을 피우고 열매를 맺는다. 꽃에 나비와 벌을 불러들여 씨앗을 맺을 수 있게 도움을 받는다. 또한, 벌과 나비는 꽃에서 꿀과 꽃가루를 받으며 서로가 상생하는 관계로 살아간다.

그러나 옛 선인들은 이러한 자연의 조화를 통해 사람의 삶에 대한 호된 교훈을 남겼다. 꽃이 피어 열흘을 못 간다는 화무십일홍(花無十日紅)이 있다. 부귀영화나 권력은 오래 가지 못한다는 의미다. 또한 권불십년(權不十年)도 있다. 권세는 10년을 넘지 못한다는 것과 같은 뜻이다. 10년이면 강산이 바뀐다는 말도 아마 이러한 말에서 비롯됐을 것이다. 세상이 자연에 조화를 이루면서 바뀐다는 의미이다.

예로부터 선비들은 꽃과 나무를 정원에 심으면서 그것의 특성을 고려하여 상징성을 부여하였다. 서석지에 있는 나무와 꽃의 상징성을 알아보자.

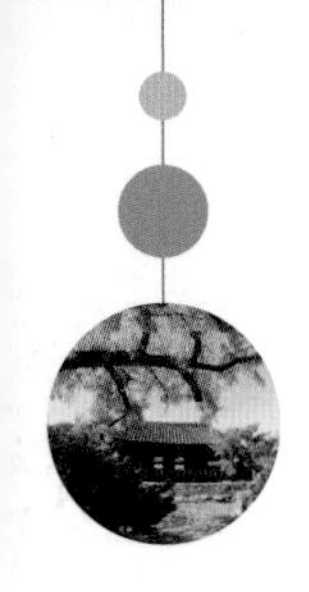

1. 은행나무

공자의 강연하는 행단(杏壇) 입구에는 은행나무와 벽오동나무가 주로 위치한다. 은행나무 아래서 공자가 학문을 닦았다는 의미로 행단의 은행나무는 유생들의 투영된 맑은 정신세계를 상징한다.

아마 서석지도 공자의 강단처럼 유생들의 강연 장소로 잘 활용되길 바라면서 심지 않았을까? 우리나라에서도 향교, 서원, 사찰의 경내에 많이 심었다. 또 백성을 괴롭히고 나라를 잘못되게 하는 정치를 경계하며, 이러한 관리들을 뉘우치도록 관아의 뜰에 심기도 하였다.

잎이 오리발처럼 생겼다고 서석지 정원의 은행나무를 압각수라 한다. 은행나무는 자연 상태에서 가장 오래된 식물군으로 생명력이 강한 나무이다. 서석지 정원에는 400년 수령의 큰 은행나무가 있다.

2. 벽오동나무

벽오동나무는 푸른빛을 잃지 않는 나무줄기 때문에 푸르다는 벽(碧) 자를 따서 벽오동(碧梧桐)이란 한자 이름을 가지고 있다.

벽오동나무, 봉황, 대나무는 서로 깊은 관련성을 가지는 상징적 의미를 지닌다. 태평성대, 성군, 귀한 손님을 상징하는 전설의 동물인 봉황은 새 중의 왕으로 모든 새의 우두머리로 여겨진다. 봉황은 벽오동나무에만 내려와 앉으며 대나무 열매와 이슬만을 먹는다. 봉황이 날아와 벽오동나무 가지에 깃들어 울면 천하가 태평하다고 해

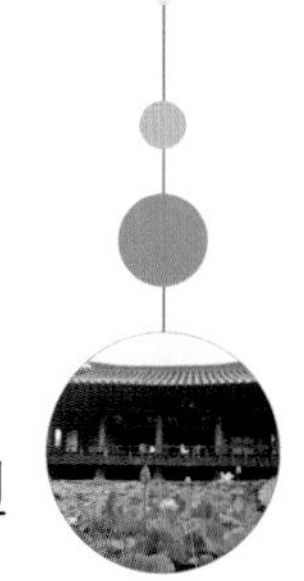

서 옛사람들은 봉황이 날아오라고 벽오동나무를 심었다 한다.

아쉽지만 현재 서석지 조성 시 존재했던 벽오동나무는 서석지 주변 보수공사로 인해서 이제는 볼 수 없게 되었다. 안타까운 실정이다.

3. 연꽃

중국 북송시대의 유학자 주돈이는 '애련설'에서 연꽃을 꽃 가운데 군자라 하였다. 연꽃이 진흙 속에서 피어나지만 깨끗하고 향기로움이 세상의 풍파에 얽매이지 않은 군자 같은 풍모를 가졌다고 한다.

연꽃은 다른 꽃의 화려한 아름다움과는 달리 수려함과 고결한 풍요로움을 지니고 있다. 세속을 초월한 깨달은 경지, 완성과 원만의 경지를 연상하게 한다. 따라서 아름다운 여인에 견주기보다는 세속을 초월한 경지에 이른 부처님이나 보살의 넉넉하고 정갈한 모습을 보여주는 꽃이라 할 수 있다.

이처럼 연꽃은 불교의 깊은 사상과 일맥상통하는 의미와 상징성을 내포하고 있다. 부처님께 올리는 육 공양물 중에서도 연꽃 공양을 가장 의미 있게 여긴다.

연꽃은 더러움도 이기고 밝고 아름다움을 제공한다. 더러운 것은 빨아들여 스스로 정화하면서 우리 인간에게는 연잎차, 연잎밥, 연뿌리, 연 열매까지도 먹거리 제공으로 어느 부분 하나 버릴 것 없는 식물이다.

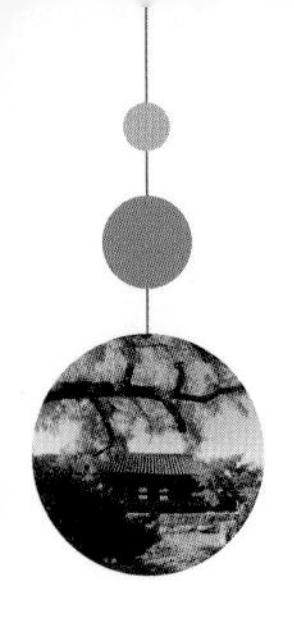

4. 사우단의 소나무, 대나무, 매화, 국화

소나무, 대나무, 매화는 '새한사우'로 불리며 시와 그림에서 많이 접할 수 있다. 또 정원에서도 빼놓을 수 없는 수목으로 많은 사랑을 받고 있다. 옛날 선비들이 이 나무를 특별히 애호했던 까닭은 외형이 아름다워서가 아니라 그것이 지닌 상징적 의미 때문이었다.

소나무와 잣나무의 상징적 의미는 지조와 의리이다. 추운 겨울이 되면 모든 식물은 낙엽이 지는데 오직 소나무와 잣나무는 푸르름을 유지하는 생태적 속성에 기인한다.

공자는 『논어』의 '자한' 편에서 "세한연후 지송백지후조야(歲寒然後 知松柏之後凋也): 찬바람이 일 때라야 비로소 소나무와 잣나무가 늦게 시드는 것을 알게 된다."라고 했다. 이 말의 본뜻은 세상이 어지러워 정의가 설 땅을 잃었을 때라도 겨울을 이겨내는 소나무와 잣나무처럼 사람도 본뜻을 잃지 말고 절개와 의리를 지키라는 것이다. 추사 김정희 선생의 '세한도(국보 제180호)'가 이 문구에서 따 왔으며 너무나 유명한 그림이다.

소나무의 곧고 푸르름을 한결같은 지조, 절개, 충절의 상징으로 여겨 선비들은 자신을 상징하는 글과 그림의 소재로 삼았다. 자신의 강인한 지조를 소나무에 비유하면서 앞마당에 소나무를 심었다.

대나무는 속이 비어 있으면서도 군자의 인품에 비유될 수 있는 강인함, 겸손, 지조, 절개 등의 특성을 갖추었다. 또 실용성이 뛰어나기 때문에 옛날부터 동양인의 생활과 예술에서 불가결한 존재로 인식되었다. 대나무의 아름다운 모습을 군자의 인품에

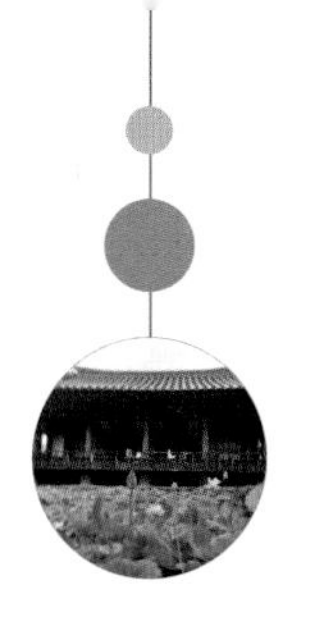

비유한 시 중에서 가장 오래된 것은 『시경』의 '위풍'에 나오는 다음 구절이다.

'저 멀리 벼랑을 보니 푸른 대나무가 우거졌네. 아름다운 군자여. (뼈와 상아를) 칼로 깎고 자르고, 줄로 쓴 듯하고, (구슬과 돌을) 끌로 쪼고 숫돌로 다듬은 듯 정중하고 위엄 있는 모습이여'라는 말로 군자의 인품을 잘 나타냈다.

칼로 깎고 자르고 줄로 쓴 듯하다는 말은 학문함을 말하고, 끌로 쪼고 숫돌로 다듬은 듯하다는 스스로 수양함을 의미한다. '玉不琢 不成器(옥불탁 불성기): 옥도 다듬고 갈지 않으면 그릇이 될 수 없다'는 뜻으로 천성이 뛰어난 사람이라도 학문이나 수양을 하지 않으면 훌륭한 인물이 될 수 없음을 비유한 표현도 있다.

유교의 고리타분한 형식을 무시하였던 육조시대에 죽림칠현들은 대나무 숲을 은거지로 그들의 풍류를 즐겼다. 죽림칠현이란 진나라 사람인 완적, 유령 등 일곱 분의 유명한 선비를 말한다. 이들은 정치 권력에 등을 돌리고 대나무숲에 모여 거문고와 술을 즐기며, 서로 깊은 교우관계를 유지하면서 개인의 도덕적 가치를 중시하는 노장사상(老莊思想)을 숭상하였다. 사회의 예법은 인간의 천부적 심성을 속박하는 것이라고 경시하면서 세속을 피해 죽림에 은거했다.

매화는 서리와 눈을 두려워하지 아니하고 언 땅 위에 고운 꽃을 피워 맑은 향기를 뿜어낸다. 매화는 온갖 꽃이 미처 피기도 전에 맨 먼저 피어나서 봄소식을 가장 먼저 알려 준다. 성삼문은 그의 '매은정시인'에서 "매화가 맑고 절조가 있어 사랑스러우며, 덕이 있어 공경할 만하다."라고 하였다.

퇴계선생의 매화 사랑은 너무나도 유명하다. 매화 관련 시만 백여 편 이상 남겼으며 매화를 매형, 매군이라고도 불렀다. 얼마나 사랑했으면 매화를 매형이라고 불렀

을까?. 아마도 매화가 맑은 지조와 덕이 있어 공경할 선비정신으로 본받고 싶음이 아닐까 싶다.

두 번째 부인마저 잃은 퇴계는 단양군수 재임 시 관기 두향과의 사랑에 애틋한 매화 이야기가 있다. 퇴계가 구 개월의 짧은 단양군수로 재임 후 아쉬운 사랑을 뒤로하고 풍기군수로 떠날 때 두향이 선물한 매화가 도산서원에 피어있다. 퇴계는 그 매화를 애지중지 여기면서 매화에 대한 주옥같은 시를 남겼다.

국화는 매화·난초·대나무와 함께 사군자로 여겼다. 국화는 많은 꽃이 다투어 피는 봄이나 여름을 피하여 황량한 늦가을에 고고하게 피어난다. 우리 선조들은 삶의 지혜를 자연현상에서 많이 배웠다. 늦가을 찬 바람이 몰아치는 벌판에서 외롭게 피어난 국화의 모습을 보고 이 세상의 부귀영화를 버리고 자연 속에 숨어 사는 꿋꿋한 선비정신을 느꼈다.

우리나라는 전통적으로 꽃의 외관보다는 꽃에 담긴 덕(德)과 지(志)와 기(氣)를 취했다. 국화가 그렇다. 국화의 삼륜(三倫)를 살펴보자.

일찍 심어 늦게 피니 군자의 '덕'이요, 서리를 이겨 피니 선비의 '지'이며, 물 없이 차가운 토양에서 피니 토양의 '기'라 하였다.

5. 골담초와 선비화

부석사 조사당의 전설인 '선비화'(골담초이나 퇴계선생이 이를 선비화라 명함)에 대한 사연이 있다. 의상대사가 부석사를 창건하고 도를 깨치고 난 후 자신이 들고 다니던

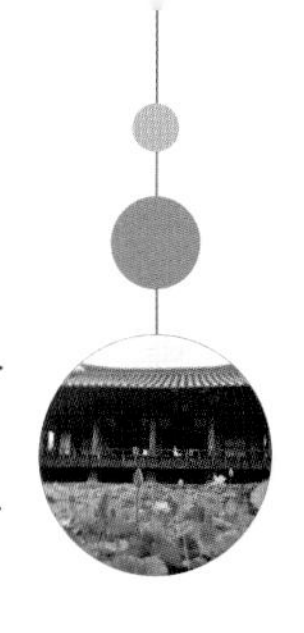

지팡이를 조사당 처마 밑에 꽂고 '지팡이에 뿌리가 내리고 잎이 날 터이니 이 나무가 죽지 않으면 나도 죽지 않은 것으로 알라.'라고 한 후 타계하셨다는 전설이 있다. 그리고 그 후 아무도 보살피지 않았는데도 무럭무럭 자라났다.

서석지 연못 주변에 선비화가 있다. 아마 서석지의 무궁한 존속이나 선비 문화가 이어지길 바라면서 심지 않았을까?

6. 회화나무

일명 학자수(學者樹)라고 부른다. 이 나무를 집안에 심으면 학자나 큰 인물이 나오며 가문이 번창하고 잡귀신이 접근 못 하고 좋은 기운이 모여든다 하여 귀하게 여겼다. 회화나무의 꽃을 중국에서는 괴화(槐花)라고 하는데 괴(槐)의 중국 발음이 '회'이므로 회화나무 혹은 회나무가 되었다고 한다. 회화나무를 집 주변에 심는 역사는 상고시대 주나라로 올라간다. 주나라가 조정에 세 그루 회화나무를 심어 삼공(영의정, 좌의정, 우의정에 해당하는 중국 주나라 벼슬제도)의 자리를 정하였다고 한다. 이후 세 그루 회화나무는 삼공 벼슬을 의미하게 되었는데 이는 자손들의 삼공 벼슬을 간절히 바라는 심정이 아니었을까?

나무의 가지 뻗은 모양이 멋대로 자라 학자의 기개를 상징한다는 해석도 있다. 따라서 선비의 집, 서원, 사찰, 대궐 등에서만 심을 수 있었고 임금이 공이 많은 학자나 관료들에게 상으로 사용하였다.

중국에서는 재판 시 진실을 가려주는 힘이 있다 하여 회화나무 가지를 사용했다고 한다. 실제로 옛날 양반이 이사 갈 때는 회화나무 종자는 반드시 챙겨갔다고 하는데

고고한 학자임을 사방에 알리기 위한 좋은 수단이었던 것 같다.

특히 이름난 양반이 살았던 곳에 가면 아름드리 회화나무 몇 그루는 쉽게 볼 수 있다. 이 점으로 미루어 보아 서석지 주변 회화나무는 학문을 상징하는 의미로 심어졌지 않을까 생각된다.

7. 모감주

스님들이 모감주나무 열매로 염주를 만든다고 해서 '염주나무'라고도 한다. 조선 태종 6년에는 명나라 사신이 금강자(金剛子) 3관을 예물로 바쳤다는 기록이 있다. 여기서 '금강자'는 '모감주나무 열매'를 말하며 왕실에 예물로 바칠 정도로 귀하게 여겼다.

서석지 주변의 석불여래좌상이 있는 점으로 보아 그 부근에 절터가 있었으리라 확신함으로 아마 모감주나무가 심어졌지 않을까 생각된다.

모감주나무는 유명한 조경수로 한여름에 노란 꽃, 독특한 열매 모양, 가을의 아름다운 단풍색을 지닌다. 한글명 모감주나무는 제주와 전남 지방의 방언이라 했으나, 무환자(無患子)의 우리 옛말 모관쥬에서 유래되었다는 말도 있다. 무환자의 의미는 아픈 곳을 없애주는 종자로서 신통한 약재라고 동의보감에 소개되어 있다.

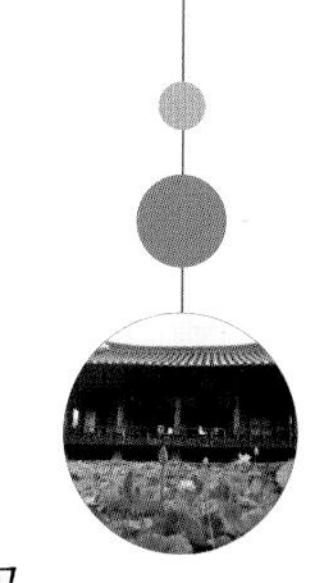

8. 불두화

부처를 닮은 꽃의 불두화(佛頭花)는 이름 그대로 꽃의 모양이 부처의 머리처럼 곱슬곱슬하고 나발(螺髮)을 닮아 붙여진 이름이다. 석가모니가 태어난 4월 초파일을 전후해 꽃이 만발하며 절에서 정원수로 많이 심는다. 흰 승무 고깔을 닮았다고 '승무화(僧舞花)'라 부르기도 한다. 영어로는 눈을 뭉쳐놓은 공 같다고 해서 '스노볼 트리(Snowball Tree)'라 한다. 꽃은 5~6월에 피며, 꽃줄기 끝에 산방꽃차례로 달린다. 처음 꽃이 필 때에는 연초록색이나 활짝 피면 흰색이 되고 질 무렵이면 누런빛으로 변한다. 열매는 둥근 모양의 핵과(核果)이며 9월에 붉은색으로 익는다.

멀리서 보면 흰 쌀밥을 가득 담아 놓은 사발 같아서 사발 꽃이라고도 부른다. 암술과 수술이 있는 일반적인 꽃과 달리 무성화(無性花)인 불두화꽃은 풍성하고 탐스럽지만, 생식능력이 없어 열매를 맺지 못한다.

원래 야생의 백당나무를 정원수로 개량하면서 꽃의 탐스러움을 극대화하기 위해 생식기능을 제거해 버렸다. 따라서 포기나누기나 꺾꽂이를 통해서만 번식할 수 있다. 그래서 속세와 인연을 끊고 도를 닦는 수도승들이 불두화를 즐겨 심지 않았을까?

9. 배롱나무

배롱나무는 일명 목 백일홍이라고도 한다. 그 연유를 살펴보자. 꽃이 오래도록 피어있기 때문에 붙여진 이름으로서 백일홍이라 한다. 배롱나무는 나무 목(木)자를 붙여 목 백일홍 또는 단순히 백일홍(百日紅)이라 한다.

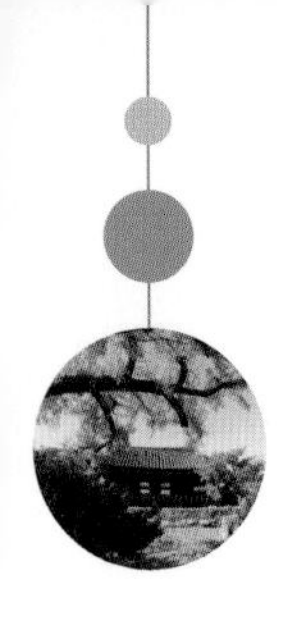

자세히 살펴보면 한 송이 꽃의 수명이 그토록 오래가는 것이 아니라 여름 내내 몇 달씩 장마와 더위도 이기면서 줄기차게 꽃이 핀다. 이런 예는 천일홍이나 만수국의 경우에서도 볼 수 있다.

배롱나무 줄기는 더러워지면 벗기고 깨끗하고 단아함을 유지한다. 선비들이 부지런하고 청순하게 학업에 매진하라는 의미로 서원, 서당, 향교, 정자, 고택, 사찰에 많지 않을까 싶다.

선비들은 배롱나무를 청렴과 절개 및 지조의 상징으로 여겼다. 그들은 '개인의 영달이나 가족 때문에 신념을 굽히게 될지도 모를 자신을 미리 경계하느라' 뜰에 곧고 담백한 배롱나무를 심었다.

중국에서는 이 나무를 자줏빛 꽃이 핀다고 하여 자미화(紫薇花)라고 한다. 아울러 이 꽃이 많이 피는 성읍을 자미성이라고 이름 붙였을 정도로 무척 사랑스러워한다.

10. 느티나무

한국의 어느 마을이나 입구에는 느티나무와 정자가 있다. 마을의 안녕과 화합, 태평성대를 기원하는 느티나무는 무성한 가지와 잎으로 시원한 그늘을 제공해 사람들의 좋은 휴식처가 된다. 느티나무는 이러한 포용력과 너그러움을 상징한다. 수명이 천 년에 달하는 느티나무도 한반도 전역에 자생하며 끈질긴 생명력을 보여준다. 그 뿌리 또한 굳센 바위도 뚫어 낼 정도로 매우 강인하며 억세다.

전국 보호수 중 대부분이 느티나무이다. 느티나무는 목재의 재질이 좋고 결이 아름다워 목공예의 재료로 오랫동안 사랑받았다. 이 나무는 병해충에 강하고 잎새와

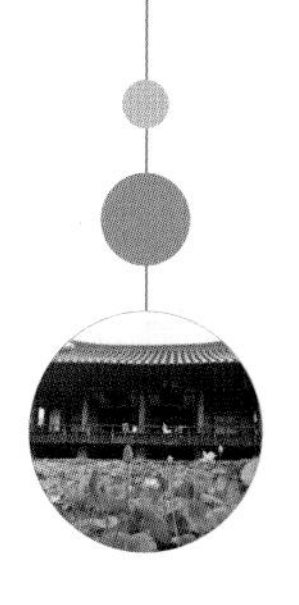

줄기가 깔끔해 예로부터 선비정신을 상징하였다. 이러한 생명력과 포용력은 학문의 전당으로 상징된다.

느티나무의 곧고 굵은 줄기만큼이나 숭고한 학문의 정신을 존중하며 그 무성한 가지가 드리우는 그늘처럼 세상을 널리 포용해 나갈 준비가 되도록 하는 의미에서 서울대학교 교목으로 사용된다.

11. 향나무

대부분 향기가 좋은 식물들은 꽃에서 냄새가 나거나 모과처럼 열매에서 향기가 난다. 향나무는 특이하게 줄기 자체에서 냄새가 난다. 우리 조상들은 그 향기가 구천(九天; 가장 높은 하늘이란 뜻)까지 간다고 하여 무척 귀하게 여겼다. 향나무는 예로부터 깨끗함을 상징하여 선비들의 사랑을 받았다. 특히 고택, 서원, 정자, 향교 등에 많다.

12. 목단

꽃 중의 꽃이라고 하는 목단 혹은 모란꽃은 예로부터 부귀의 상징이다. 신부의 예복인 원삼, 각종 혼수품, 가정집의 병풍은 물론 선비들의 책거리 그림에도 부귀와 공명을 염원하는 모란꽃이 그려져 있다.

우리나라의 국화로 상징되는 중국의 꽃이 모란이다. 모란이 중국으로부터 우리나라에 처음 들어온 것은 신라시대이다. 삼국유사에 진평왕 때 '당 태종이 붉은색과 자

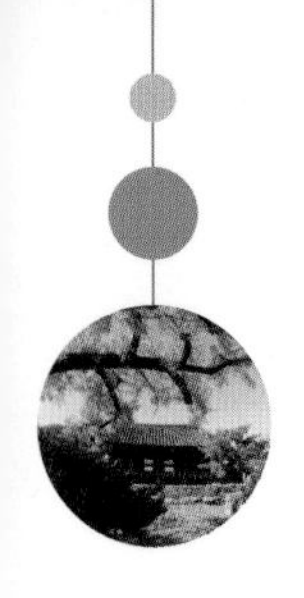

주색 및 흰색의 모란 그림과 모란 씨 석 되를 보냈다.'고 한다.

아쉽지만 모란의 개화 기간이 단지 3일 정도로 아주 짧다. 이것은 인생사와 비유된다. 한평생 부귀영화를 위해 노력하지만 이를 이루었다고 생각하는 순간은 목단처럼 잠시일 뿐 쉽게 사라지는 아쉬움을 남긴다. 욕심부리지 말고 안빈낙도의 삶을 살라고 하는 것은 아닐까?

13. 해당화

해당화 꽃말은 원망, 온화의 상징으로 여겨졌다. 예로부터 해당화는 선비들로부터 사랑받는 꽃으로 시나 노래의 소재였으며 많은 문인 문객들이 해당화를 그려왔다. 하지만 효심의 상징으로 여긴 중국 시인 두보의 해당화와 꽃말을 알아보자.

두보는 평생 단 한 번도 이 해당화를 소재로 시를 쓰지 않았다고 한다. 두보 어머니의 이름이 해당부인이다. 아무리 꽃이라 하더라도 자기 어머니의 이름을 부르기가 송구스러워 그랬다는 것이다. 이러한 사유를 알게 된 사람들은 그 효심에 감탄하였다.

여름 바닷가에서 아침 이슬을 듬뿍 머금고 바다를 향해 피어있는 해당화는 임이 돌아오기를 기다리고 있는 아낙네처럼 애처롭게 보이는 꽃이기도 하다.

14. 자형화

자줏빛 모형의 꽃이라는 자형화(紫荊花), 꽃 모양이 밥알을 닮아서 붙여진 이름의 박태기나무로도 알려져 있다. 이름이 투박스럽지만, 봄꽃나무 중 하나이다. 맨 처음 꽃봉오리가 올라올 때는 벚꽃처럼 보인다. 형제가 부모의 유산을 분할하지 않고 사이좋게 공유하라는 자형화의 사례를 살펴보자.

이름이 전진(田眞)인 형제 세 사람이 분가하기로 하고 재산을 똑같이 나누었다. 뜰에 심어진 박태기나무(紫荊) 한 그루도 세 조각으로 나누기로 했다. 다음 날, 박태기나무를 자르려고 하자 나무가 순식간에 말라 죽는 것이 마치 불에 탄 것 같았다. 이것을 보고 놀란 전진이 두 아우에게 말했다. “나무는 원래 한 그루로 자라는데 자르려 하니 말라서 죽는다. 사람이 나무만도 못하구나.” 이들이 비통함을 느껴 나무를 자르려 하지 않자 나무가 다시 싱싱하게 활기를 되찾고 무성해졌다.

형제는 감동하여 재산을 공유하면서 효자 집안이 되었다. 전진은 얼마 뒤 태중대부(太中大夫)라는 높은 벼슬까지 올랐다. ‘자형화’는 형제가 화목하고 협심하는 것을 비유하는 말로 쓰이게 되었다. 서석지 조성 시 사우단 앞에 있었으나 지금은 없어졌다. 아쉽다.

15. 석죽화

패랭이꽃의 석죽화(石竹花)는 전국의 산과 들 건조한 곳에 흔하게 자라는 풀이다. 고려 중기에 정습명(鄭襲明)이 지은 석죽화의 한시를 보자.

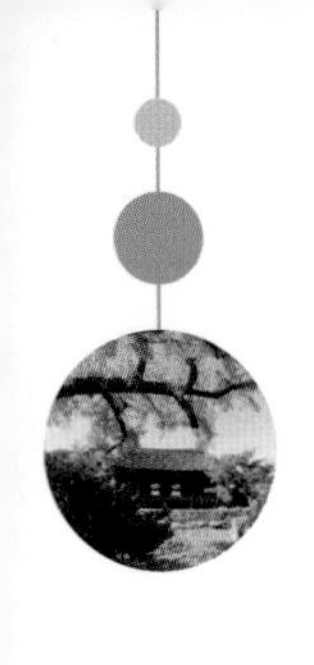

세상 사람들 모두 붉은 모란꽃만 사랑하여
정원에 가득 심고 가꾸네
누가 이 거친 초야에도예쁜 꽃이 모여있는 줄 알기나 하랴!
어여쁜 모습은 연못 속에 비치는 달에 어리고
향기는 바람 따라 밭두렁 나무에 전하네
외진 땅에 있노라니 찾아주는 귀공자가 드물어
아리따운 자태를 농부에게 보여준다네.

초야에 묻혀 불우하게 사는 자신의 처지를 패랭이꽃에 비유하여 세속에서 사랑받는 아름다운 모란과 대응시키고 있다. 어느 환관이 이 시를 읊어 임금에게 들려 드리니 임금이 감탄하여 정습명에게 옥당의 벼슬을 내렸다는 일화가 있다. 석죽화는 바로 정습명의 출세작이 된 셈이다. 평범한 산문구법을 사용하면서도 이 작품의 풍유기법은 높은 수준이다.

서석지 조성 시 사우단 앞에 있었으나 지금은 없어졌다.

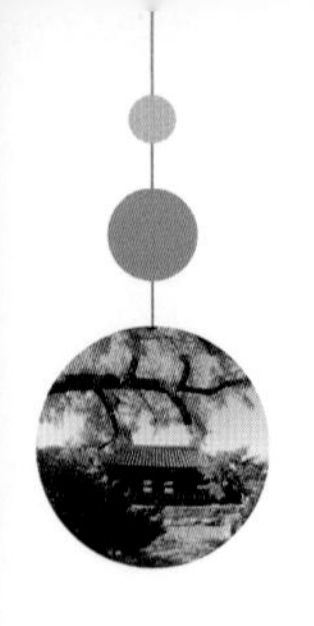

7

석문선생의 흔적과 학문

- 석문선생의 발자취, 생애, 문집, 학맥 -

영남지방 문화유산을 근거로 한
영양 서석지 형성 배경을 살펴보자.
영양 서석지를 조성한 석문 정영방 선생의
학맥과 선생의 성장과정을 알아보자.
서석지를 이해하는 데 큰 도움이 되리라 확신한다.

1. 석문 정영방의 발자취

석문(石門) 정영방(鄭榮邦)(1577-1650) 선생은 동래정씨 19세손으로 1577년에 예천군 용궁면 별곡리에서 관직의 길을 버리고 학문에 전념하는 순수 처사(處士) 제(湜)의 둘째아들로 태어났다. 그의 조상을 간략히 알아보자.

예천군 풍양면 청곡리에 경상북도 문화재 486호 삼수정(三樹亭)이라는 정자가 있다. 삼수정은 동래정씨 12세손 귀령(龜齡)공의 호이다. 귀령공은 세종 때 문학과 덕행으로 특채되어 결성(현 충남 홍성군 결성읍)현감(조선시대 지방행정지역인 현에 있는 지방관

▲ 아담한 삼수정 앞의 회화나무가 정자와 잘 어울린다.

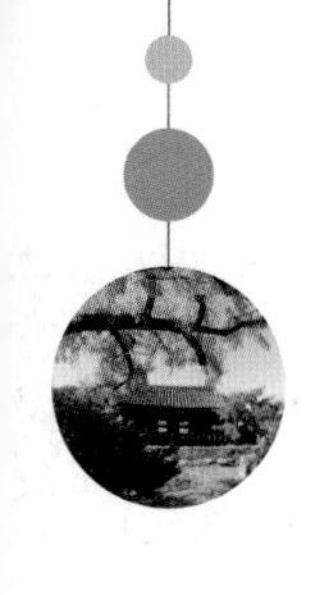

리)에 임명된 후 후덕한 행동으로 고을을 잘 다스렸다. 고을 사람들이 공덕을 칭송하는 비를 세우고 신령이 와서 머물러 있다는 의미의 신목을 심었다. 귀령공은 결성향교를 세웠다.

귀령공의 조부 예문관 응교인 정승원은 고려말 혼탁한 정치에 낙담하여 안동 인근 구담에 터를 잡았다. 귀령공은 관직을 버리고 조부를 따라 구담으로 낙향하였다가 용궁면 별곡마을에 터를 잡게 되니 지금의 풍양면 청곡리이다. 즉, 동래정씨 별곡마을 입향조가 된 셈이다.

그는 옛 집터에 회화나무 세 그루를 심고 정자를 세워 삼수정이라 하고 자신의 호로 삼았다. 슬하에는 아들 다섯 분을 두셨는데 첫째 옹(雍)이고 대과 급제 후 홍문관 수찬, 셋째가 사(賜)이며 대과 급제 후 직제학을 역임하셨다.

정옹의 손자 환(煥)이 대과 후 천추사 서장관으로 명나라에 가서 훌륭히 임무를 완수하였다. 그는 또 홍문관 응교를 지냈으며 연산군 갑자사화 때 직언하다 상주로 유배를 가게 되었다. 그가 석문선생의 고조부이시다. 정사의 아들이고 이조판서이신 난종공이 뛰어나셨으며 난종공의 아들 광필(光弼)공이 영의정에 오르셨다.

석문선생은 임진왜란(1592년)과 병자호란(1636년) 등 양란을 겪으며, 우복 정경세의 제자로 예천, 안동, 영양에 기반을 둔 전형적 처사형 문인이다. 처사형 문인이란 지방에 있으면서 학문을 연마하다가 관직의 길이 열리면 중앙에 나아가 출세하는 경우와 관직의 길을 버리고 학문에 전념하는 순수 처사가 있다. 정영방은 일생을 관직에 미련을 버리고 자연을 벗 삼아 유유자적하면서 시와 학문에 몰두한 순수 처사이다.

석문선생이 살았던 16세기 말부터 17세기 초반은 임진왜란과 병자호란의 혼란으

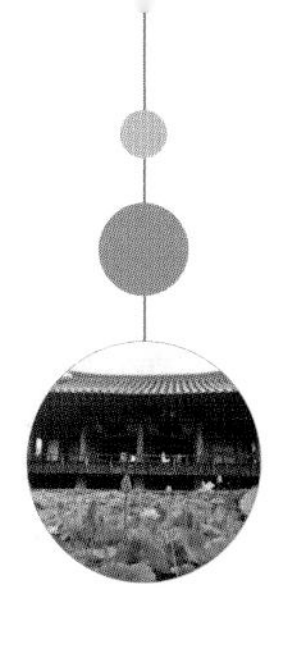

로 인하여 사회통치 질서가 무너지고 있었다. 특히 임진왜란을 당하면서 사회적 신분제도가 위협을 받자, 16세의 어린 정영방이 신분체제 재확립과 전쟁에 대한 반성과 슬픔을 기록한 것이 임진조변사적(壬辰遭變事跡)이다.

이는 상상이나 허구에 바탕을 둔 것이 아니라 개인적인 생활 체험과 견문을 소재로 하여 선생의 임진왜란을 체험을 기록한 작품이다. 피난민이 겪었던 가족의 슬픔 이외에도 임진왜란 이후로 무너져가는 충효열(忠孝烈)의 회복을 서술하고 있다. 그 당시 석문선생이 살았던 용궁지역 왜적의 활동과 민간인 피해를 기록하고 있어 문학적 가치뿐만 아니라 역사적 가치가 있다.

이외에도 처사로서 일평생을 살던 그의 현실 인식은 두 편의 상소를 통해 제기되고 있다. 정영방의 상소는 주민들의 조세 부담 등 불편한 생활관에 대한 현실적 문제를 제기하였다. 이처럼 그는 자연에 순응하면서 그 당시 사회 실상의 폐단을 서술하였다.

완담서원

완담서원의 조성과정을 알아보자. 이 지역의 후학들이 삼수정과 그의 두 아들 정옹, 정사를 기리기 위해 모임을 결성하여 1570년경에 사당을 짓고 향사를 지냈다. 임진왜란 이후 삼수정의 묘소가 있는 예천군 지보면 마산리 완담에 완담향사로 재건하고 상덕사 사당을 세워 정환과 정광필을 추가 배향하였다. 이후 영조 때 석문선생과 사재감 참공 벼슬을 받은 석문선생의 형 매오 정영후(鄭榮後)를 추가 배향하였다.

1998년 유림과 자손들이 완담향사를 완담서원으로 조성하였다. 완담서원은

▲ 귀령공, 수찬공 옹, 직제학 사, 응교공 환, 문익공 광필,
매오공 영후, 석문공 영방 일곱 분을 배향한 완담서원이다.

현재 귀령공, 수찬공 옹, 직제학 사, 응교공 환, 문익공 광필, 매오공 영후, 석문공 영방 일곱 분이 배향되었다. 일곱분의 후손들이 대부분의 소파로 나누어져 후대에 내려오고 있다.

예천 석문종택(醴泉 石門宗宅)

이 가옥은 1609년 (광해군 1년)에 석문 정영방이 건축한 건물이다. 그 구조는 一자형 초가 대문채 뒤편에 ∩형 와가 몸채가 튼 'ㅁ'자형을 이루고 있다. 몸채는 안채와 사랑채가 90° 각으로 돌아앉아 내외 공간이 좌우로 구분되어 있다. 종택 뒤편에 지포강단과 사당이 있다.

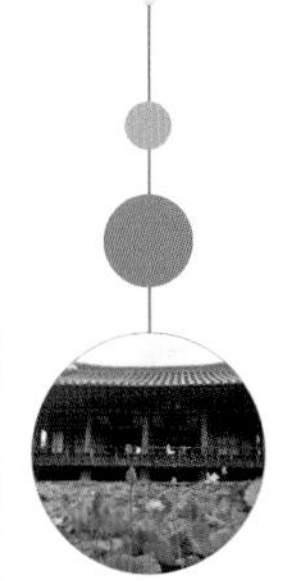

▲ 석문공 종택이다. 예천 용궁에 있다.

이와 같은 배치 및 평면구성은 19세기 후반 이후의 주택에서 주로 볼 수 있는 유형으로 전통한옥의 변천 과정을 이해하는 데 중요한 자료이다.

쌍절각

예천군 풍양면 우망리 마을회관 옆에 쌍절각이 있다. 쌍절각 내의 쌍절비는 임진왜란 때 석문선생의 형수이신 청주 한씨와 누이가 함께 투신해 생명을 끊은 애달픈 사실을 기록한 비이다. 두 분은 왜적의 분탕질에 인근 마을 대동산 골짜기까지 몸을 피했으나 아녀자의 몸으로 더 이상 저항할 수 없었다. 인근 우망리 북쪽 낙동 강변에 있는 바위에서 깊은 물에 몸을 던져 죽음으로써 정조를 지켰다. 선조 임금이 이 소식을

듣고 이 바위를 쌍절암(雙節岩)이라 명명하고, '雙節岩' 3자를 음각하여 놓았다.

▲ 임진왜란 때 석문공의 형수와 누이가 쌍절암(사진 오른쪽)에서 투신해 생명을 끊은 애달픈 사실을 기록한 쌍절각 내의 쌍절비이다. 쌍절암은 쌍절각과 함께 풍양면 우망리에 있다.

조정에서 이 사실을 파악하고 임금이 교지를 내려 종택 밖에다 정려(국가에서 미풍양속을 장려하기 위해 효자, 충신, 열녀 등이 살던 동네에 붉은 칠을 해 세운 정문)를 짓게 하고 대사성 우복 정경세(愚伏 鄭經世)로 하여금 그 행적을 비문으로 지어 쌍절각을 세우게 하였다. 가슴 아픈 사연으로 약소국의 비애이다.

대사성 정경세가 지은 쌍절비에는 '갑자기 죽음에 이르면 당황하여 그 절의를 온전히 지킬 이가 드물며 죽음을 피하려 한다. 의리를 위하여 기꺼이 목숨을 버리는 이가 천만 명 중 한 사람이 있기도 어려운데 두 부인이 능히 절의를 지켰다. 밝고 맑은

기상과 티 없이 아름다운 자질과 굳은 정절(貞節)의 큰 덕을 지니지 않았다면 어찌 이렇게 할 수 있었을까? 장하도다. 그 정절의 빛남이여!'라며 두 여인의 기개를 높이 찬양하고 있다.

대나무처럼 곧게 사는 정절이란 여성이 몸을 지키기 위한 피할 수 없는 마지막 선택이었다. 석문선생의 형수 한씨와 누이는 부끄러움 없이 사는 길이 인간의 주요 본성임을 일깨워 주었다. 훗날 석문선생이 처사로서 꿋꿋한 선비정신의 생활관에 영향을 미쳤을 것이다.

2. 석문 정영방 선생의 생애

정영방은 퇴계 이황의 학통을 이어받은 조선 광해군과 인조 때의 문인이다. 정영방은 1577년에 예천군 용궁면 별곡리에서 태어났다. 1581년 다섯 살의 나이에 아버지를 잃었다. 1590년 열네 살 되던 해에 종숙부 정조(鄭澡)의 양자로 안동 송촌으로 이주하여 살게 되었다. 그러던 중 1592년 일본의 침입으로 임진왜란이 발발하자, 정영방은 예천 용궁으로 피난 가서 형인 매오 정영후와 합류하여 행동을 같이하였다.

정영방의 문집에는 그 당시 임진왜란의 정황을 생생하게 기록한 임진조변사적(壬辰遭變事蹟)이 남아 있다. 용궁에서의 피란 생활을 마치고 정영방은 본가에서 양가인 안동 송촌으로 돌아온 것으로 보인다. 임진왜란으로 인해 학문에 힘쓸 나이에 정영방은 학업의 기회를 잃고 말았다.

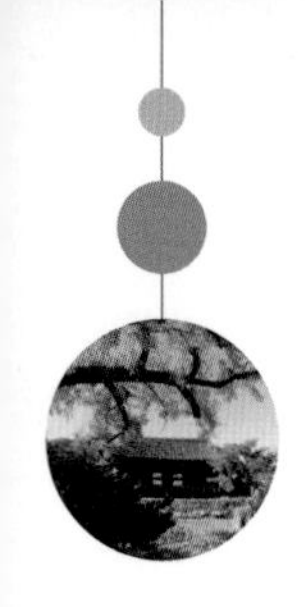

석문선생의 학업과정

정영방이 본격적인 학문을 접하게 되는 것은 이모부이고 스승이신 우복 정경세와의 만남을 통해서였다. 7년간의 임진왜란이 끝나는 1599년 정경세가 관직에서 물러나 고향인 상주에서 학문을 전수할 때 그를 만났다. 중용(中庸), 대학(大學), 심경(心經) 등을 전수받았다.

정경세 문하에서 학문을 닦는 동안, 정영방은 옛 성현의 학식과 식견을 깊이 연구하고 분석하는 학문적 태도를 보였다. 스승인 정경세도 그의 학문 태도와 방법을 보고 매우 감탄하여 말하기를 "무릇 학문이란 끝까지 연구하는 것을 귀하게 여기는 것이다. 비록 목숨을 다하여 자연의 이치를 깨닫는다 하여도 앞으로 반드시 이런 진취적인 발전만이 있지 않다. 그대의 기량과 식견을 볼 때 어찌 학문에 정진하지 못한다고 근심하겠는가. 다만 소홀하지도 말고 바람직하지 않은 일에는 나서지 않도록 하여라."라고 칭찬하였다.

때로는 정영방에게 "꽃과 버들은 무슨 까닭에 푸르고 무슨 까닭에 붉던가?"라는 시(詩) 구절도 주면서 학문적 태도와 방법을 격려하였다. 정경세에게 유학하던 시기는 불우한 시대 상황이었다. 이러한 학문적 기반을 토대로 향후 그의 문학 작품에 영향을 끼쳤다.

정경세 문하에서 학문의 기반을 다지던 정영방은 29세에 성균관 진사에 합격하여 관직의 길이 열리게 되었다. 그의 주위에서도 성균관에 들어가 대과를 준비하라고 권하였으나, 벼슬에 나아갈 뜻을 끊고 자신의 학업에 더욱 매진하였다. 더욱이 서애

의 셋째 아들이자 우복과 깊은 교분이 있었던 수암 유진(修巖 柳珍)이 "과거의 문제점을 언급하면서 시험제도는 고쳐져야 한다"고 지적한 부분에 감명을 받았다.

집에서도 "세상 사람들이 과거 급제로 명성을 얻음으로 본심을 잃어버리게 되는 것을 안타까워하였다."라고 전한다. 자식과 조카들이 혹시 과거 공부에 전념하는 일이 있으면 비록 못하게 하지는 않았어도 좋아하지 않았다. 주위의 권유로 29세에 진사에 합격한 후 대과를 준비하지 않은 것은 이미 과거시험 전에 마음속에 정한 것으로 볼 수 있다. 또 주위 사람들에게 과거를 통해 헛된 영화를 꿈꾸지 말자고 권유하기도 하였다.

광해군 정권이 들어서면서 조선의 조정은 당파싸움으로 혼탁하게 되었다. 정경세가 올린 상소는 광해군의 심기를 건드려 그는 파직당했다. 이로 인하여 정영방은 더욱 벼슬에 뜻을 두지 않게 되었고, 학문의 길에 매진하면서 후진 양성에 눈을 돌려 1610년(광해군 3년) 그의 나이 34세에 지초서재(芝皐書齋: 예천군 지보면 도장리 익장에 있으며 훗날 지포강당으로 개칭됨)를 설립하게 되었다.

광해군이 들어선 지 15년 되던 1623년 서인들이 광해군을 폐하고 인조반정을 일으켰다. 남인이 정권을 잡게 되자, 광해군 때 관직을 박탈당했던 정경세도 대제학에 임명되고 곧이어 이조판서로 재직하게 되었다. 이어 인조가 지방의 선비 중 학식을 갖춘 선비들을 등용하려 하였다.

정경세는 정영방을 조정에 추천하였는데 천성이 옹졸하여 남과 잘 화합하지 못함

을 핑계 삼아 사양하면서 영덕의 대게 한 마리를 선물로 보내어 자신의 확고한 의지를 대신하였다. 대게를 선물받은 정경세도 뒷걸음치는 게의 습성이 자신도 벼슬길에서 물러날 것을 풍자하는 것 같다 하며 웃으면서 "내 원래 그대의 뜻을 알지. 그저 한 번 물었을 뿐이네!" 하면서 다시는 출사(出仕)의 권유를 하지 않게 되었다.

자연을 벗 삼아

1600년(선조 33년)에 지은 임천잡제(臨川雜題)의 문암(文巖)편에 진보현감 정자야(鄭子野)와 함께 입암면 흥구리 앞 강가에 있는 문암과 청기면의 대박산을 언급하였다. 문암의 시 구절에 '눈을 감상하면서 은둔할 장소를 마련하였다.'라는 기록이 있다. 이로 보아 최소한 20세 중후반에 이미 영양의 임천에 유람하면서 자연을 즐겼다. 정영방에게 있어서 임천은 은거 이전에 절경(絶景)을 지닌 유람의 대상이자 마음의 안식처로 자리 잡았던 곳이다.

이처럼 유람을 통한 임천은 정영방의 확실한 의식 속에 자리 잡고 있음을 알 수 있다. 그러나 송촌과 예천에 친가와 양가의 노모가 계시고 자식들이 어려서 젊은 시절에는 유유자적한 유람을 실행에 옮기지 못하였다. 병자호란 때까지 송촌에 남게 되면서 가정을 돌보아야 하였다.

그러나 정영방은 본가인 송촌에 있으면서도 임천으로 유람하면서 자신을 만족시킬 만한 곳을 물색하게 된다. 그는 1613년(광해 5년) 청기면 대박산(요즘 흥림산이라 함)에서 문암까지 40여 리 가운데 산수가 뛰어난 곳인 임천(요즘의 연당)을 찾아 서석지를 조성하게 되었다.

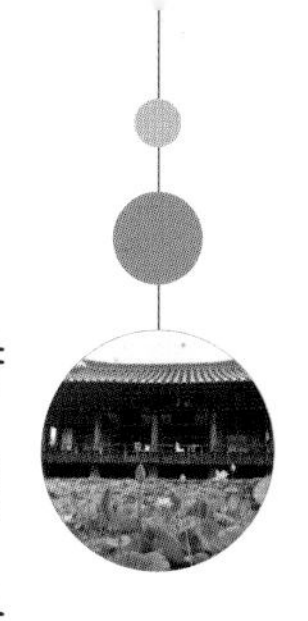

이 당시, 이조판서였던 약봉 서성(徐渻)은 1616년 단양의 유배지에서 현재의 영양으로 옮겨 5년을 보낸다. 당시 서성은 연당 앞 입석 벼랑 절벽의 산마루 위에 집승정(集勝亭)을 짓고 이곳에서 살았다. 이때 정영방에게 준 그의 오언율시를 보면 두 분은 교분이 많았음을 보여주고 있다.

1636년(인조14 2월) 임진왜란에 이어 병자호란이 발발하자, 59세의 정영방은 친형 정영후와 함께 전란을 피해 진보 땅으로 피난하였다. 얼마 후 정영후는 용궁으로 돌아가고 정영방은 잔류하다가 형이 사는 용궁으로 복귀하였다. 그러나 다시 임천으로 거처를 옮겼다.

병자호란을 피하여 말년에는 그가 이미 20대부터 그의 뇌리에 자리 잡고 있던 자연 속의 안식처인 임천으로 들어갔다. 병자호란이 끝난 후, 임천의 연당에서 안동의 송촌으로 잠시 복귀한 정영방은 형이 사는 용궁으로 가서 작별인사를 마치고 지초(芝阜)에 묵었는데 이튿날 정영후가 가마를 타고 와서 "서로의 근거지는 멀고 몸에는 병이 있어 다시는 만나지 못할까 걱정이 되어 왔다." 하면서 작별을 못내 아쉬워하였다.

용궁에서의 작별인사를 마친 정영방은 송촌의 집안일은 맏아들 혼에게 맡기고 다시 식솔들을 거느리고서 영양군 임천의 연당으로 들어가 말년을 보내게 된다. 그리고 이곳에 그 유명한 서석지(瑞石池) 정원을 완성하였다.

연당으로 이주하여 집들을 짓고 정착을 한 후, 정영방은 항상 주자서와 퇴계 이황의 책을 읽었다. 심한 병환이 아니면 반드시 단정히 앉아 용모를 바르게 하고 독서를 하였다.

또한, 늘 지팡이와 신을 바르게 하고 어른과 아이들을 이끌고 산천경개를 거닐다

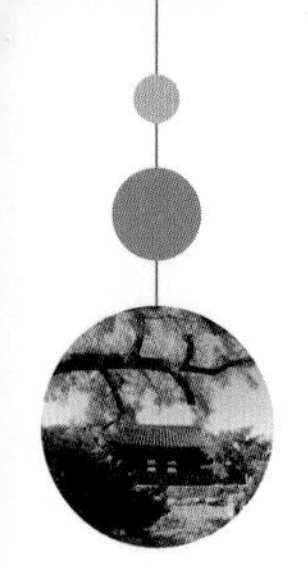

가 바위와 소나무 아래를 배회하면서 아침 해가 다하여 날이 저물고 흥이 끝나야 돌아오곤 하였다.

만년의 유유자적한 생활을 마치고 1650년(효종1) 정영방은 앓고 있던 병이 극심해져 조카 위에게 "내 나이가 많고 병이 깊어 고향 생각이 더욱 간절하니 너가 나와 함께 송촌으로 가자." 하면서 송촌으로 돌아오게 되었다. 그리고 그해 6월에 병을 얻어 74세로 일생을 마감하였다.

이상에서 보았듯이 정영방의 생애를 삼 단계로 나누어 볼 수 있다. 용궁에서의 출생과 임진왜란을 당하여 피난하던 유년기와 송천에서 수학하며 정경세를 찾아가 유학하던 청장년기 및 병자호란을 맞아 자연을 벗 삼아 임천으로 거처를 정한 노년기로 볼 수 있다.

이처럼 본다면 용궁과 안동 그리고 임천을 오고 가는 안동권역의 활동으로 그의 생애가 전개된다. 아울러 서애, 우복 선생의 가르침에 동문수학했던 교우들과 친분을 위해 안동권역의 중심적 토대에서 전국 권역으로 확장된 생애였음을 알 수가 있다.

3. 석문선생의 문집

석문선생 관련 문집으로는 자신의 시, 산문 등을 정리한 석문집(石門集)을 비롯하여 퇴계선생의 삶과 문학을 요약한 이자서 절요(퇴계 이황 선생의 제자란 의미에서 "이자"를 따옴), 석문선생과 아들, 손자 문집인 임장세고가 있다. 이와 같은 종류의 문집은 유네스코 기록유산으로 등재되었다.

▲ 유네스코 기록유산이된 석문선생 문집

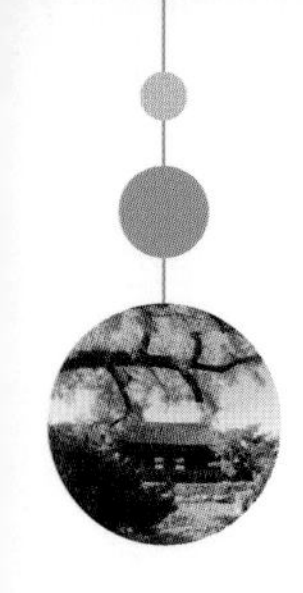

(1) 석문집

석문 선생의 주옥같은 석문집은 4권 3책. 목판본으로 1821년(순조 21)에 후손 인욱 등이 편집, 간행하였다. 정영방의 생애 동안 집필한 석문집에 실려있는 자료로는 시가 470여 편 500여 수고, 산문은 26편이다. 시 몇 수와 임진조변사적을 살펴보았다.

병자호란 후 남한산성에서 있었던 일을 회상하여 지은 오언절구 시로 영양서당(英陽書堂: 지금은 영양읍내에 위치한 영산 서원임) 벽 위에 걸린 두 절구를 살펴보자.

영양서당 제벽상이절 재병자호란 후 (英陽書堂 題壁上二絕 在丙子亂後)

暮入英陽縣 (모입영양현) 해질 무렵 영양현에 들어가니
松間一室淸 (송간일실청) 소나무 사이에 집하나 청결하네
曾嘆南漢事 (증탄남한사) 일찍이 남한산성 일을 탄식하니
不忍對山城 (불인대산성) 차마 산성을 대하지 못하겠네.

書堂未百步 西山城在焉 (서당미백보 서산성재언)
당에서 백 보에 미치지 못하여 서산성이 있다.

一掬傷時淚 (일국상시루) 시대를 탄식하는 한 움큼 눈물을
臨江灑碧波 (임강쇄벽파) 강에 다다라 푸른 물결에 뿌리네

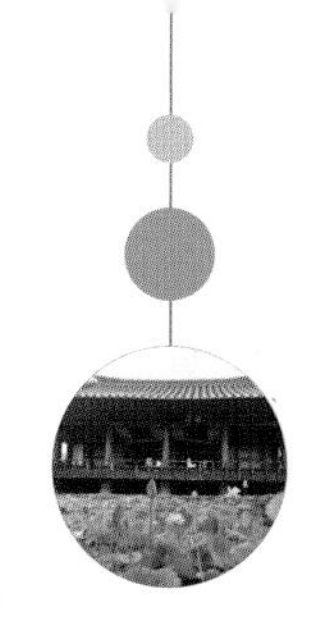

西南流不盡 (서남류부진) 서남으로 흐르는 물은 끝없이 흘러서
滄海濶無涯 (창해활무애) 넓고 넓은 푸른 바다에 이르겠지.

병자호란에 대한 애통을 토로하고 있다. 1편에서는 지금의 영양군에 있는 영양서당을 바라보는 작자의 심정은 맑기만 하다. 그러나 백보도 미치지 못하는 거리에 또 다른 영양산성이 있다. 병자호란때 인조의 청나라에 대한 남한산성에서 치욕적인 항복의식을 상기하면서 영양산성을 마주 대할 수 없을 정도로 슬픔에 빠져든다. 왜 영양산성이 영양읍을 감싸고 있었던가? 슬픔을 증가시킨다.

2편에서는 1편의 슬픔이 고조되어 눈물이 흐른다. 이 눈물을 양손에 움켜잡고 지금의 영양읍을 감아 흐르는 반변천 강가에 가서 흐르는 물결 위에 뿌려본다. 남서로 펼쳐진 물결 위에 흐르는 눈물이 도달할 곳은 끝없이 넓은 바다이다. 끝이 없는 바다처럼 병자호란으로 인한 슬픔은 무한히 이어질 것을 말하고 있다. 한 지식인으로서 병자호란의 치욕을 비분강개가 아닌 시적 정화를 통해 그려내고 있다.

전쟁과 치욕이 없는 요즘은 연상하기 힘들다. 우리나라가 산업화로 인해 강대국이 되어간다. 당시 명나라 속국으로서의 비애감이다. 청나라에 대한 실리 외교를 택하지 못한 당시 조정이 아쉽게 느껴진다. 이 땅에 두 번 다시 되풀이되지 않았으면 싶다.

임진조변사적(壬辰遭變事跡)

정영방에 의해 저술된 임진조변사적(壬辰遭變事跡)은 임진년(壬辰年)의 변고(變故)인 임진왜란을 경험한 역사자료인 사적(事蹟)이다. 임진왜란으로 국내는 많은 수탈과 고

통을 겪었다. 이러한 경험을 바탕으로 소상히 기록한 대표적인 저서인 류성룡의 징비록, 이순신의 난중일기 등이 있다. 정영방은 임진왜란 중에 겪은 처참한 체험을 16세의 어린 나이에 기록하였다는 점이 의미가 있다.

임진조변사적은 임진왜란의 역사적 사건과 그 당시 참담한 현황을 정리한 자료이다. 그 내용은 당시 사회상의 비판, 전쟁의 실상 고발, 충효열(忠孝烈: 나라의 임금이나 주인에게 행하는 충성과 부모에게 행하는 효도 및 가족들에 대한 삶의 원칙 중 부녀자들의 열녀) 관점에서 기록하였다. 그 실상을 잊지 말고 기억하여 후손들에게 경계를 심으려 한 기록이다. 원문 해석을 살펴보자.

임진조변사적 원문 해석

임진년(壬辰年, 1592) 4월에 왜적이 부산을 침범하였고 연달아 동래지역의 패전 소식이 전달되었다. 왜적들의 군대가 침범하는 곳마다 바로 우리 아군은 와해되어 무너졌다. 지휘자들은 쥐처럼 머리를 쳐들어 안전한 곳을 찾으려고 도망치니 주민들의 마음이 어수선해져서 수습할 수 없었다.

형님은 가족을 데리고 안동으로 피난 가려 하는데, 이윽고 적들이 두 갈래로 나누어 한 경로는 안동으로 향하고 한 경로는 상주로 향한다는 것을 들었다. 그리하여 안동으로의 피난은 하지 않았다.

얼마 후 지역을 지키는 장수들이 와서 전투하려 했을 때는 이미 하나의 적도 볼 수 없었다. 그러고서는 청야(淸野)작전(들판을 깔끔히 청소한다는 뜻이다. 일대를 텅 비게 함으

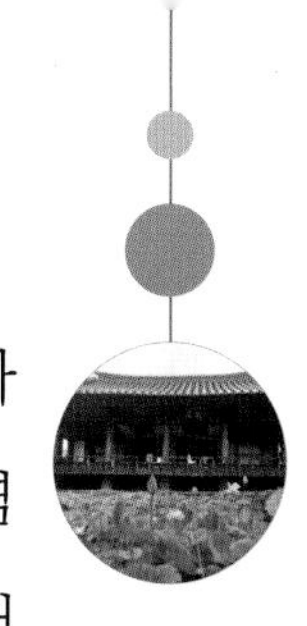

로써 적이 사용할 군수물자와 식량 등을 취할 수 없게 하여 적을 지치게 하는 전술)를 핑계 삼아 여러 고을의 창고와 곡식을 쌓아둔 곳을 불태워버렸다. 곳곳에서 불이 일어나 화염이 하늘에 가득하였으니, 돌이켜보면 도리어 적을 위해 앞장서서 내달린 비겁한 행동이었다.

이를 본 사람들은 왜적이 이미 이곳까지 쳐들어온 줄 잘못 알고 허둥지둥 바쁘게 달아나니 마을이 텅텅 비어있었다. 형님네 가족은 인근 마산(馬山: 예천군 지보면 마산리를 의미함)리로 들어갔다. 다행히 마산은 험하거나 가는 길이 막히지 않았다. 얼마 후 적들의 동향 파악에 잘못된 정보임을 알고, 바로 집으로 돌아와서 집안 살림을 정리한 후에 피난하였다. 그렇지만 안동 일대에는 왜적이 없었으니 제대로 알지 못하였다.

4월 24일. 집과의 거리가 5리(里)밖에 안 되는 인근 대동산(大洞山: 예천군 지보면 마산리 주변)으로 들어갔다. 앞으로는 낙동강이 흐르며 바위 골짜기는 깊고 안전하니, 사람들이 모두 믿고 안심하며 다른 계책을 세우지 않았다. 나라가 태평한 지 100여 년 세월이 흘렀으니 백성들은 전쟁을 몰랐다. 앞날의 위기의식을 생각하지 못하고 곧 닥칠 근심을 잊은 것이 이와 같은 고통을 당하게 된다.

며칠이 지나지 않아 높은 곳에서 적들의 동태를 관측하는 자들이 말하기를, 왜적의 대다수가 수산(壽山: 예천군 지보면 마산리 주변)과 죽원(竹院: 예천군 지보면 마산리 주변) 등지에 가득 차서 넘친다고 하였다. 이튿날에 들리는 바에 의하면 대군(大軍)은 조령(鳥嶺)으로 향해 떠나고 약간의 군사를 나누어 주둔시킨다고 하였다. 잘못된 정보였다.

이때부터 주둔한 왜적들이 열 명 정도에서 삼사십 명이 떼를 지어 마을과 산골짜기를 드나들며 살인과 노략질을 자행하였다. 소, 말 등의 가축, 재물, 피복을 매일같이 빼앗아 갔다.

5월 초하루. 보잘것없는 왜적 수십 명이 구일봉(九日峰: 예천군 지보면 마산리 주변)에 올라가서 병기(兵器)를 번쩍이며 시위(示威)하면서 침입할 태세가 보였다. 산중에 있던 사람들이 모여 왜적들을 고립된 약체로 파악하여 그들을 몰아내어 쫓아버렸다.

형님이 "왜적이 분노하여 갔으니 내일은 반드시 대규모의 병력이 올 것 같아 위험하다. 이곳을 버리고 떠나는 게 어떠냐?"라고 하였다. 형수와 여러 부인이 뜻을 같이하여 말하기를, "살아가는 것이 쉽지는 않으나 죽기는 더욱더 어렵습니다. 지금 이곳을 버리고 어디로 가려 하십니까? 또한, 적들이 만약 대규모로 온다면 지금 가는 길은 이미 차단했을 겁니다."라고 하였다. 모두가 어찌해야 할지 몰랐다.

때마침 내리는 비로 강물이 점점 불어났다. 또 여러 사람의 의견이 일치되지 않아 시간만 소모하는 사이에 왜적의 기병과 보병들이 이미 쳐들어와서 들판에 널리 퍼져 있었다. 포성이 한 번 일어나더니 왜적들이 일제히 크게 소리쳤다. 사람들은 모두 혼을 빼앗기고 새와 짐승들은 숨어버렸다. 이에 높고 가파르며 깊고 험한 곳을 찾아 노친(老親)이 편안히 머무를 수 있도록 하였다.

우리 형제는 그 곁에서 엎드려 있었고, 우리와 따로 형수와 누이도 각각 숨어있었다. 잠시 후 그곳을 버리고 절벽에 의지하면서 암석을 향해 위험하고 가파른 곳에 올라가니, 노친이 말씀하시기를, "나는 이곳에 있는데 너희들은 어디로 가느냐?"라고 하셨다. 들었지만 마치 듣지 못한 것처럼 하고 나 또한 뒤를 쫓아가서 그곳에 머물렀다. 누이가 나를 꾸짖으며 말하기를, "노친께서 계시지 않는가? 네가 이곳에 와서 어찌하려 하느냐?"라고 하고는 돌아가서 노친을 보호하게 하였다.

잠시 후에 왜적 하나가 산 위에서부터 소리를 내며 아래로 내려왔는데, 형수는 그것을 보고 암석(쌍절암을 의미함) 위에서 아래로 투신하였고 누이도 뒤따라 투신하였

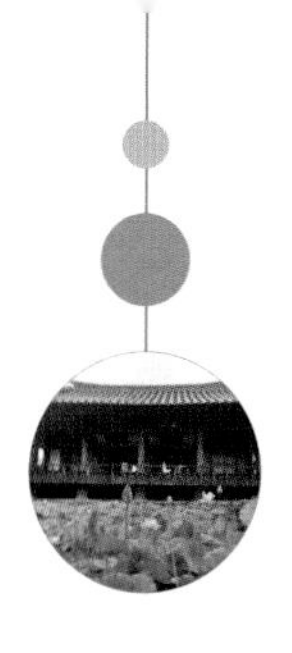

다. 암석은 강물을 압도하는 높고 험악한 낭떠러지였다. 떨어지면 물에 빠져 죽게 된다. 노친께서는 그것을 보지 못했고 우리는 그것을 보았으나 어찌할 수 없었다.

형님이 나에게 "우리 형제는 모두 여기 있으니 죽어도 여한이 없다. 각자 피난하여 혹시 누구라도 살아 있으면 더 좋겠다."라고 하였다. 내가 듣지 않으려고 하니 "너는 아직도 걸음걸이가 씩씩하며 헤엄치는 재주가 있으니, 여기에서 적에게 죽을 수는 없다."라고 밀면서 나를 떠나게 하였다.

나는 나이가 어려 정신적 판단이 모자라 갑작스러운 계책으로 난국 수습에 미흡했다. 잘못하여 적들이 오는 길로 가다가 두 왜적을 만났다. 왜적 하나가 칼을 뽑아 들고 앞으로 돌진하자 나는 나도 모르게 땅에 엎드려 숨었다. 그 뒤에서 칼을 끌고 있던 다른 왜적이 그를 멈추게 하고 내가 가는 곳을 가리켰다. 그 후로는 다시 왜적을 보지 못했다. 나는 산에 오르고 물에 들어가면서 여러 왜적이 돌아가기만을 기다렸다. 형님은 왜적 하나가 가까이 오는 것을 보고 화가 어머니에게 미칠까 두려워하였다. 스스로 돌아 피해가다가 왜적에게 잡히었다. 왜적은 다른 곳으로 가고 다시는 오지 않았다.

그 후로는 왜적이 우리 종가(宗家)에 진을 쳤는데 군대를 모으니 무려 수백 명이나 되었다. 형님은 사당에 조상의 영혼을 모신 감실(龕室)의 창호(여기서는 감실을 열고 닫는 조그마한 문)가 훼손되고 부서진 것을 보고 자신도 모르게 정신을 잃을 정도로 슬퍼하며 통곡하였다.

여러 왜적은 칼날을 견주며 다투고 있었는데, 그중 한 왜적은 용모와 거동이 마치 장군처럼 보였다. 형님이 땅에 글자를 쓰니 뚫어지게 바라보다가 그 사내도 또한 땅

에 글씨를 썼다. 형님은 그가 글자를 아는 사람임을 알고, 땅에 '노모(老母)가 산중에 계시는데 사생(死生)을 알지 못한다[老母在山中 死生不知]'는 몇 마디를 썼다. 그 사내 또한 '쓸모가 있으니 죽이지 않겠다[有用勿去]'라고 썼다. 이를 시작으로 글자를 서로 주거니 받음을 몇 번 하였다. 왜적은 글자의 내용을 알 수도 있고 모를 수도 있겠지만 형님의 사정을 이미 알았을 것이다.

형님이 눈물을 흘리는 것을 보고 그도 같이 눈물을 흘렸다. 그가 가는 곳에는 반드시 형님을 동행하였다. 전투를 효율적으로 수행하기 위해 펼치는 전투 대형의 영역 밖을 나와 집 뒤에 있는 봉우리를 올랐다. 이 봉우리는 동쪽으로 구일봉까지 이어져 있다. 들판에 하나의 적도 없는 것을 보고는 형님을 풀어주어 돌아가게 하였다. 형님이 강둑까지 도착하기를 기다린 후에야 비로소 돌아갔다. 아마도 처음부터 끝까지 죽는 자가 없기를 바라지 않았을까? 하늘로부터 부여받은 본성은 오랑캐라고 하여 인색하였을까?

형님이 강을 건너는 중, 갑자기 뒤처진 왜적 하나가 칼을 휘두르며 쫓아와서 수심이 깊은 곳에 빠져 죽었다. 하늘에 힘입어 왜적의 목숨을 끊었는데 그렇지 않았다면 위태로웠을 것이다. 이윽고 화를 면하고 한곳에서 모였는데 모자(母子)와 형제들이 모두 형수와 누이의 죽음 때문에 한바탕 통곡하였다. 이날 물에 빠져 죽은 자가 다섯이었는데, 우리 집안에서는 형수와 누이 그리고 한윤경(韓允卿)의 아내, 마을 부인 두 명이었다. 포로로 잡힌 남녀도 몇 명이나 되었고, 왜적의 칼에 상처를 입고도 죽지 않은 자도 있고, 죽은 자들은 얼마나 되는지 알 수 없었다. 산림 숲 사이에서 통곡하는 소리가 하늘에 가득하여 차마 들을 수가 없었다.

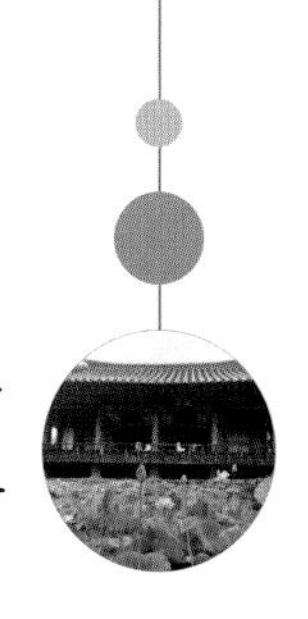

나는 노친께서 만약 형수와 누이의 상황을 물어본다면 어떤 말로 대답할까? 고민하였다. 이 상황에서 노친께서 오히려 위로해주며 "너희 누이에게 속으로 생각하는 바가 있었으니 나는 그것을 이미 알고 있었다. 죽음이 찾아왔으니 한스럽게 여길 일이 아니다. 다만 너희들이라도 온전하니 다행일 뿐이구나. 젖먹이 손주들은 오히려 그 생사를 알지 못하니, 급히 노복에게 명하여 차분히 찾아보게 하여라."라고 하셨다.

당시 조카 위(煟)는 태어난 지 16개월 정도였다. 약해서 걸을 수 없었기에 건실한 종을 시켜서 업고 멀리 가게 하였다. 그가 왜적에게 핍박받게 되자 마산(馬山) 산기슭에 어린 조카 위(煟)를 두고 달아나버렸다.

새벽부터 해가 질 무렵까지 포복(匍匐)하니 기력이 다하여 땅에 엎어질 지경이었다. 날은 이미 저물어 어둑해졌고 풀과 나무는 무성하고 빽빽했다. 형님은 강 건너서 생사를 소리쳐 물어도 찾을 길이 없었다. 처음에는 형님의 말소리만 들리다가 차츰 울음소리를 듣고서 조카를 찾을 수 있었다. 온몸에 피가 흐르고 숨기운은 실낱처럼 들리며 목숨은 끊어지지 않았다.

바로 그날 한밤중에 노친을 모시고 예천(醴泉)의 용문산(龍門山)으로 옮겨갔다. 다음 날 형님이 누이와 형수의 시신을 찾으려 다시 나섰다. 노비 중에 이름이 명춘(命春)이라는 자가 있었는데 눈물을 흘리며 앞으로 나오면서 말하기를, "왜적의 진영을 출입하며 낮에는 숨었다가 밤에 나와서 강의 상류와 하류 지역을 살펴본다면 반드시 찾을 수 있습니다. 이는 주인께서 하실 바가 아니고 적이 내는 소리의 완급을 듣고 노복들에게 시켜주십시오. 대부인(大夫人)을 모시고 동으로 가고 북으로 피난 가는 것은 저희 노비들이 할 수 있는 바가 아닙니다. 제가 직접 나서 시신 수습을 청하노니, 못하면 돌아오지 않겠습니다."라고 하였다.

형님은 그 노비의 천성이 충성스럽고 신의가 있어 믿을 만하다고 여기고 건장한 종 두세 명을 함께 보내주었다.

당시 왜적들이 출몰하지 않는 곳이 있어서 시신을 찾을 수 있었다. 먼저 누이의 시신을 수습하여 강의 가장자리에 묻었다. 형수의 시신은 수습하지 못하고, 다만 형수가 당일 얼굴을 가리던 적삼만을 수습하여 누이와 같은 곳에 함께 묻어드렸다. 장차 하류에 가서 찾다가 갑자기 적을 만나 종조부(從祖父)댁의 노비 금동(今同)과 함께 사로잡혔다.

왜적이 사람들이 있는 곳을 물으니 명춘(命春)은 알려주지 않았지만, 금동이는 알려주었다. 왜적이 곧바로 금동이는 풀어주었지만, 명춘을 죽이려 하였다. 명춘이 말하기를, "나는 이제 죽을 것이고 너는 돌아갈 것이다. 돌아가서 내 주인에게 알릴 수 있으면 거기에서 행한 대로 전해주길 부탁한다."라고 하였다. 이어서 하나의 허리띠와 실을 꼬아 만든 띠를 가지고 와서 돌려주었는데, 이것은 곧 죽은 누이가 순절하며 남긴 물건이다.

그것이 누이의 혼백임을 복상의 기간을 바꾸려 할 때 주인에게 알리려는 것으로 생각된다. 왜적이 명춘이를 죽이려고 나무 두 개를 얽어서 십자 모양으로 만들어 마산(馬山) 재사(齋舍)의 뜰 안에 세웠다. 이후 밧줄로 사지(四肢)를 십자 모양의 나무에 묶어놓고 포악하게 창으로 찔렀다. 죽을 때까지 욕하는 소리가 입에서 끊이지 않았다. 금동이는 그가 죽는 것을 보고 와서 말하였으니 아, 또 애처롭도다! 처음 누이가 죽었을 때 두 시신이 강 위에 떠 있었는데, 한참 뒤에 가라앉았다. 수영을 잘하는 한 사내가 헤엄쳐 시신을 건지려고 하였지만 이루지 못하였다. 그가 첨지(僉知: 첨지중추부사의 줄임말로 벼슬 이름) 숙부 집의 숙평(叔平)이었다는 사실을 나중에 알게 되었다.

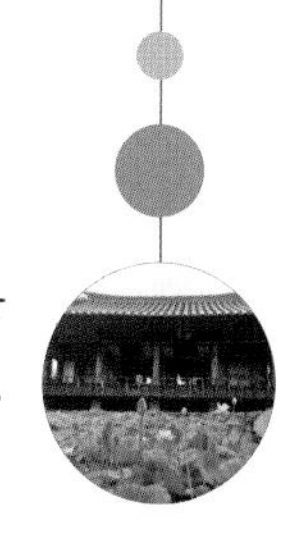

죽기 며칠 전에 형수가 말하기를, "꿈속에서 열 개의 체발(髢髮: 여자들이 숱이 적은 머리에 머리숱이 많아 보이려고 덧넣었던 다른 머리)을 얻었는데 이것이 무슨 조짐입니까?"라고 하니, 옆에 있던 한 할머니가 말하기를 "체발(髢髮)은 머리를 꾸미는 것이니 그것을 얻었다면 어찌 좋은 징조가 아니겠는가?"라고 하였다. 형수가 말하기를 "이러한 시기에 머리꾸미개가 오히려 좋은 징조라 할 수 있겠습니까?"라고 하였다. 좌중에 있던 이웃 부녀자 가운데 포로로 잡혔다가 돌아온 자를 두고 말한 것이다. 어떤 사람이 말하기를, "매우 위급한 상황에서는 죽고 싶어도 죽지 못합니다."라고 하였다. 형수가 말하기를, "갈 적과 올 적에는 그 몸과 마음이 다를 것이다."라고 하였다. 형수는 항상 칼을 지참한 것을 보고, 누이 역시 손수 비단실을 땋아서 띠를 만들어 늘 허리 사이에 차고 다녔다.

▲ 쌍절암에서 투신해 생명을 끊은 애달픈 지역이다. 요즘 이 주변에 생태길 걷기 조성이 참 잘 되어 있다. 세월의 무상함이 느껴진다.

그 계획은 어긋났지만, 반드시 죽겠다는 마음을 정해놓은 지 오래되었다. 아! 죽기를 구하여 죽음을 얻었으니 죽은 자에게 무엇을 탓하겠는가? 뒤에 죽는 자에게 마음의 칼날을 받는 것 같도다. 어찌 동시에 함께 죽지 못하고 이렇게 끝없는 슬픔을 품고 있는가!

임진조변사적 원문 분석과 교훈

그 내용은 당시 사회상의 비판, 전쟁의 잔인한 실제상황, 충효열로 분류해 보자.

사회상의 비판 관점에서 살펴보자. 조선의 군사들이 힘없이 무너지고 관리들은 자신의 삶을 지키기 위해 도망가기에 급급한 상황을 서술하고 있다. 정영방이 살던 곳의 장수들이 도리어 왜적의 앞잡이 구실을 하는 바람에 백성들은 왜적이 쳐들어온 것으로 잘못 알고 피난을 하게 되었다. 조선 관료들이 무책임과 무능하여 전쟁의 상황을 더 어렵게 하고, 백성을 더욱 고달프게 함을 지적하고 있다. 또한, 전쟁을 겪지 않은 사람들의 안이함도 지적하고 앞으로 닥칠 참상을 생각지 못하고 아무런 계책 없이 숨어있는 모습을 보여주고 있다. 역사의 교훈을 통해 후세 사람들에게 안이한 태도의 위험을 경고하고 있다.

전쟁의 잔인한 실제상황도 보여준다. 왜적들에 의한 살육과 노략질 및 주민을 납치하는 왜적들의 횡포가 매일 이어지고 있다. 매일 계속되는 참상은 서서히 마을 공동체와 선생의 가족에게까지 이어지는 절박한 상황이 소개된다. 왜적의 횡포로 죽었거나 피해를 본 이들의 명단을 공개하면서, 역사적 사실을 더욱 실감하게 한다.

충효열 관점에서 보자. 노복의 서로 상반된 모습이 전개되고 있다. 자신의 목숨을 위해 상전을 버리고 달아나는 노복을 소개하고 있다. 절대적 권위를 가지고 종을 다스렸던 그 당시에도 상전들도 전란 중에는 속수무책이었다. 이와는 반대로 자신의 목숨을 아까워하지 않으며 상전을 위해 충성을 다하는 노복도 소개하고 있다. 충성을 다한 노복이 왜적에 의해 죽는 참혹한 진상도 서술하고 있다. 예나 지금이나 있을 수 있는 참 아이러니한 장면이다.

또 적의 진영으로 끌려간 형이 의사소통의 수단으로 땅에 글씨를 써가며 적의 장수에게 노모의 상황을 알린다. 적장은 노모에 대한 효성에 감동하여 눈물을 흘리며 형을 노모가 계신 곳으로 돌려보냈다는 기록이다. 자신의 목숨을 담보로 한 부모에 대한 지극한 효성이 잔인무도한 왜적의 마음을 감동하게 하였다. 그 결과 자신의 생명도 유지하고 노모도 다시 모실 수 있게 된 것이다. 정영방의 가족이 왜적을 피해 대동산으로 피난하던 중, 형수와 누나가 절벽(예천군의 쌍절암임)에서 몸을 던져 죽게 된 상황을 자세히 소개하고 있다. 이들은 목숨을 부지하기 위해 왜적에게 순결을 빼앗기기보다는 조선 사회 사대부 여인의 정절을 지키기 위해 죽음을 택하는 과정을 서술하고 있다. 형수와 누이가 죽음에 이르기 며칠 전에 가졌던 행동과 말을 통해 여인의 정조를 강조하고 있다. 여기서도 왜적에게 사로잡혀 갔다가 돌아온 여인에 대한 평가에 대한 대립된 얘기가 오고 간다. 동네의 어떤 여인은 자기 마음대로 죽을 수 없었을 것이라고 하면서 일말의 동정심을 던져주고 있는 반면에, 형수는 죽음으로서 정조를 지켜야 한다는 사대부 여인의 정조를 강조하였다.

또한, 형수와 누이 둘 다 칼을 소유하고 있었다고 선생은 회상한다. 이런 관점에서 보면 이들의 죽음은 다급한 상황에서 우발적으로 발생한 사건이 아니라 평소에 지니고 있었던 생각을 실천에 옮겼다. 형수와 누이는 죽음으로서 정조를 지키겠다는 신

념이 평소에도 강하여, 죽게 되었으니 한은 없지만 죽음의 아픔은 끝이 없음을 제시한다.

노복들의 배신과 충성, 적군의 장수를 감동하게 한 형의 효성을 소개하였다. 왜적의 급습에 저항으로 맞서며 정조를 지키려는 형수와 누이의 죽음은 임진왜란 이후 무너지고 있는 충효열 사상을 제시하고 있다.

(2) 임장세고

임장세고는 석문선생과 그 장자인 익재공 정혼, 넷째아들 눌재공 정요천, 눌재공 아우인 수와공 정요성, 눌재공의 차자로서 수와공의 후사가 된 천연대공 정도건, 익재공의 증손 송설헌 정태래 등 6인의 시문을 각 한 권씩 모은 총 6권으로 구성되어 있다.

임장세고의 서명인 임장은 바로 석문공의 은거지인 입암면 연당의 임천과 본가인 예천군 용궁면 익장에서 따온 것이다. 익재공과 송설헌공은 익장에 거주하였고, 눌재공, 수와공, 천연대공은 임천에 거주하였다. 이 책은 벼슬을 달가워하지 않고 향촌에서 유유자적하던 은사들의 삶에 대한 기록이라 할 수 있다.

석문공 유고 중 익장 지역에 대하여 읊은 익장33영 중 아래 시를 살펴보자.

하지(荷池) 연못

小於一方盂 (소어일방우) 네모 난 사발보다 작은 연못이

涵盡秋天碧 (함진추천벽) 가을 하늘 푸르름 가득 담고 있네

中有十丈花 (중유십장화) 그 가운데 긴 연꽃이 피어있는데

芳香人不識 (방향인불식) 아름다운 꽃향기 남들은 알지 못하네.

무송대(撫松臺)

蒼蒼孤松樹 (창창고송수) 푸르고 푸르른 외로운 소나무

手撫結幽憂 (수무결유우) 손으로 어루만지니 마음이 우울하네

落日下山盡 (락일하산진) 지는 해는 산 아래로 다 넘어갔지만

朔風吹不休 (삭풍취불휴) 겨울바람이 불어서 쉬지 못하네.

4. 석문 정영방의 학맥

정영방의 스승이자 이모부인 우복 정경세는 퇴계 이황을 스승으로 한 서애 유성룡(西厓 柳成龍)의 제자이다. 정경세는 상주 출신으로 어린 나이에 과거에 급제하여 정치에 참여하다가 관직에서 물러 나와서는 후학에게 학문을 전수하고 있었다. 정영방은 정경세의 문하생이었으므로 퇴계 이황의 학통을 이어받은 삼전제자(三傳弟子)가 되는 셈이다.

전통사회에서 학파를 형성하는 데 있어 중요한 요인은 대체로 두 가지로 논의할 수 있다. 하나는 사우 관계이며, 다른 하나는 학문적 특징을 공유하는 것이다. 전통적인 교육의 형식으로서 스승과 제자가 되는 길은 여러 가지이다. 직접 찾아가서 배움을 청한 것이 대표적인 형식이지만, 서신으로 주제에 따라 질문과 응답을 교환하는 경우도 있다.

퇴계학파의 분석

퇴계학파를 논의하기 위해서 퇴계 이후의 사우 관계와 학문적 특징이 중요하다. 퇴계 문인록을 처음으로 작성한 사람은 봉화 닭실마을의 충재 권벌의 5세손인 창설제 권두경이다. 그 후 퇴계의 6대손인 이수연이 60여 명을 추가하여 '도산급문제현록'이라 하였다. 서애 유성룡과 학봉 김성일, 월천조목, 그리고 한강 정구가 대표적 제자이다. 퇴계가 주(主) 배향된 대표적인 도산서원이 유네스코에 등재되었다. 이 책의 '9장 퇴계 선생의 정신과 학문'장에 자세히 언급되어 있다.

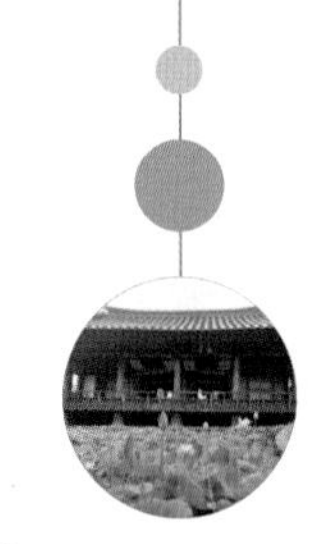

서애학파의 분석

서애 유성룡은 퇴계의 수제자로 영남지역의 사림을 대표하는 유학자였다. 또한, 임진왜란과 병자호란으로 조선사회가 위급해지자 신하로서 조선왕조 체제를 유지하기 위해 국가에 충성한 사대부였다. 서애는 관료로서 성장하였으며, 성리학에 깊은 학식을 겸비하자 많은 사림들이 그의 문하에 출입하게 되었다. 서애는 자신의 가르침을 받기 위해 출입한 수많은 제자에게 근본를 중시하는 학문을 강조하였다.

그의 많은 업적 중 손꼽히는 것은 유명한 저서인 징비록(懲毖錄: 국보 제 132호)과 이순신 장군의 천거라 할 수 있다.

임진왜란의 반성문이라 불리는 징비록은 류성룡이 집필한 커다란 작품이다. 류성룡이 임진왜란을 직접 지휘하면서 7년여에 걸친 전란 동안 조선의 백성들이 겪어야 했던 참혹한 상황을 기록하고 있다. 일본의 만행을 성토하면서, 그러한 비극을 피할 수 없었던 조선의 문제점을 낱낱이 파헤침으로써 후대에 교훈을 주는 책이다.

징비록은 임진왜란의 아픔을 오늘날 후손들에게 알려주고 미래를 경계하라는 역사적인 지침서이다. 류성룡은 전란 당시 영의정이자 전쟁 수행을 책임지는 도체찰사를 겸하였다. 따라서 급박하게 돌아가는 전쟁의 상황과 대궐의 사정을 누구보다 가까이에서 면밀하게 살필 수 있었다. 일찍이 이순신의 능력을 알아보고 정읍 현감이라는 말단관직에 있던 그를 전라 좌수사로 추천한 사람도 류성룡이었다. 사람을 알아보는 그의 안목이 돋보인다. 서애가 주(主) 배향된 대표적인 병산서원이 유네스코에 등재되었다.

우복선생의 생애

서애 유성룡의 수제자인 우복 정경세는 기호학파가 정권을 독점하던 시기에 홀로 정계에 진출하였다. 이조판서, 홍문관 예문관 양관 대제학를 충실히 수행하였다. 이는 선생의 역량을 증명하는 동시에 권력의 쟁취나 개인의 영달이 아니라 왕도정치의 구현으로 나라의 태평과 백성의 편안함을 추구하기에 충실하였다. 50년 가까운 관직 생활에도 개인 사유재산을 축적하지 않아, 고향 상주시 외서면 우산리에 변변한 생활기반이 없었다. 그는 원칙을 가지고 정도로 살아가는데 가치를 두고 청빈하고 정의로운 일생을 살았다.

정경세의 생애를 살펴보자. 어릴 때부터 영리하여 7세에 고려 말 유교 관점의 이제현이 지은 역사서적인 『사략(史略)』을 읽고 8세에 『소학』을 배웠다. 불과 절반도 배우기 전에 나머지 글은 스스로 해독하였다. 1578년 16세에 경상도 향시(鄕試: 과거의 1차 시험에 해당함)에 합격하였고, 1580년 유성룡의 제자가 되어 학문에 매진하였다. 1586년 24세의 어린 나이에 대과인 과거에 급제하였다. 특히 이조정랑직에 있을 때 인사행정이 공정하여 인품을 갖춘 어진 선비를 엄선하는 데 중점을 두며, 특정인에게 편중되는 일이 없었다. 1598년 경상도 감사 재임 시에는 영남 일대가 임진왜란의 후유증으로 민심이 각박하였을 때 도민을 너그럽게 보살피고 잘 다스려 양곡을 적기에 공급하였다. 그 결과 차츰 민심의 안정화로 도내의 평화를 가져오게 되었다. 1600년 당쟁의 소용돌이에 관직을 버리고 고향에 돌아왔다.

고향에 돌아와 학문연구에 전념하였으며, 마을에 존애원(存愛院)을 설치하여 사람

들의 병을 무료로 진료하였다. 또 대산루를 지어독서와 강학을 하였다. 도학(道學)은 정몽주(鄭夢周)에서 창시되어 이황(李滉)에서 집성되었으며, 김굉필(金宏弼), 정여창(鄭汝昌), 이언적(李彦迪) 같은 유명한 학자에게 연구되었다. 이에 도남서원(道南書院)을 창건하고 정몽주, 이황, 김굉필, 정여창, 이언적의 학문과 덕행을 추모하게 하였다.

광해군 시절 온갖 폐단으로 정치가 어려워지자 일만여 자의 만언소(萬言疏)를 올려 사치의 풍습을 경계하고 인물의 전형을 공정하게 하며 학문에 힘쓸 것을 강조하였다. 1609년 봄 명나라에 외교사절로 가서 돌아오면서 화약(火藥) 매입을 두 배로 강화하여 국방에 대비하였다. 1608년 북인의 영수 정인홍(鄭仁弘) 일당이 회재 이언적과 퇴계 이황을 문묘에서 퇴출하려 할 때 강한 대립으로 탄핵 후 해직되었다.

1623년 인조반정으로 복직 후 이조판서와 대제학 등의 관직을 거치면서 인재를 널리 등용하고 선비들과 조화를 맞춰 국정을 운영하였다. 정경세의 학문은 주자학에 근원을 두고, 유성룡에 이어 이황의 학통을 계승하였다. 정경세는 서석지 조성자인 석문 선생의 스승이요 이모부이다.

▲ 우복선생이 강학하전 상주의 대산루이다.

▲ 우복선생의 주민들 진로기관였던 존애원이다.

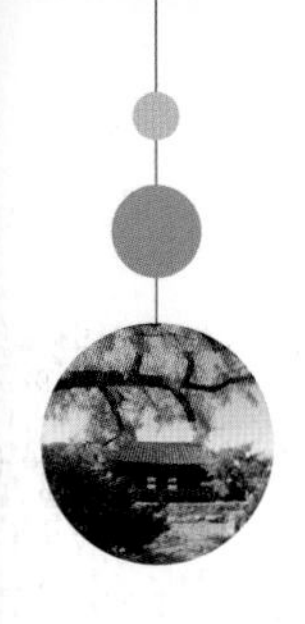

8

서식지와 아우러진 볼거리

서석지는 대구. 경북에서 가장 높은
일월산 혈 자리가 약 70리 거리에
끊어지지 않고 맺은 곳에 있다.
좋은 기운이 넘친다.
자연 속 힐링 공간이다.
주변을 거닐어 보자.

그 주변을 내 것도 아니면서 내 것처럼
생각하셨던 석문 선생의 사상을 재조명해보자.

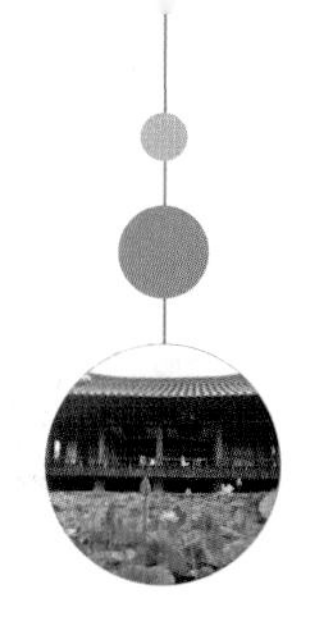

서석지 주변은?

서석지의 할아버지 산인 경북에서 가장 높은 해와 달을 상징하는 일월산이 있다. 일월산 정상에는 동서로 두 봉우리가 있는데 동쪽 봉우리는 일자봉이라 하며, 서쪽 봉우리는 월자봉이라 한다. 남쪽으로 낙동강의 지류인 반변천(半邊川)이 시작된다. 이 반변천이 흘러서 서석지 주변의 청기천과 가지천을 형성하고 그 주변에 석문과 입석이 위치한다. 주민들이 신성시하는 일월산 산중에는 귀한 약초가 많고 수도하는 사람들의 움집이 많은 것이 특색이다. 이 산의 귀한 약초는 너무나 귀하고 몸에 이롭다. 필자도 올해 처음 일월산 깊은 산속에 귀중한 나물을 채취하여 먹었다. 정말 좋다. 피부미용과 건강에 특히 좋다. 여성은 성형외과에 갈 필요가 없다. 이 산나물을 맛있게 먹으면 이 세상 제일 유명한 성형외과 의사의 시술보다 훨씬 좋다. 천만 퍼센트 장담한다. 일월산 깊은 산속에는 유명한 성형외과 의사가 너무나 많다.

사찰로는 동쪽에 용화사가 있고, 서남쪽에 천화사가 있다. 이 산을 일월산이라 하게 된 경위를 알아보자. 첫째 동해가 눈 아래 보이는 산 정상에서 동해의 일출과 월출을 가장 먼저 볼 수 있는 산이라는 뜻에서 연유했다고 한다. 또 옛날 산 정상에 천지가 있어서 그 모양이 해와 달 같다는 데서 이름하였다는 설도 있다.

서석지 외원 요소 중 산수가 수려한 절정의 서석지 정원 주변은 누가 뭐래도 조선시대 진경산수화의 대가이신 겸재 정선 선생이 입석인 선바위에 오셔서 '쌍계입암도'를 그린 곳이라 생각된다.

▲ 쌍계입암도

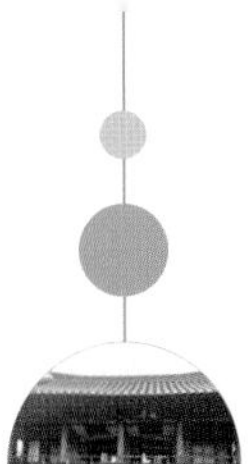

▲ 자금병 끝자락의 남이정을 감싸고 있는 가지천과 청기천

서석지 주변의 영양 고을 주변 환경 중 청기천과 반변천 두 강물이 모여 만나는 곳이 남이포(강물이 정자를 기점으로 좌우에서 모여 한 줄기를 이루는 곳)이다. 이 주변에 있는 기암괴석을 입석(선바위), 선바위 반대편 절벽을 잇는 자주색 병풍 같은 절벽을 자금병, 정원 입구를 석문이라고 한다. 그 사이에 있는 오솔길이 얼마나 운치가 있을까? 어렸을 때 등·하교 시 이 길을 수시로 이용했으니 아마 지금의 뜨거운 가슴속 정서는 이때 싹텄을 것 같다. 자금병의 아름다운 혈 자리 끝 지점엔 남이정이라는 정자가 있다. 이 주변이 서석지 외원의 중심이 된다. 말하자면 영양 고을을 지나는 강물과 선바위, 자금병을 합쳐서 자연 정원이라는 큰 틀로 보고 이 서석지 연못은 작은 정원으로 해석한 것이다. 참 운치 있는 발상이다.

우리가 잠시라도 머물러 있는 곳은 어딜까? 그것은 바로 말없이 보듬어 주는 자연이다. 그중에서 서석지 주변 큰 바위의 자금병이 아닐까? 영양 고을 사람들의 삶의 애환이 묻어 있는 이곳에서 영양 주민들이 꿈을 머금고 살아왔다. 자금병 끝자락의 남이포는 엄마들의 치맛자락과 닮아있다. 일월산 꼭짓점에서 산맥을 따라 끊어지지 않고 칠십여 리 내려와 남이포의 꼭짓점에 그 아름다운 혈을 맺는다. 좋은 기운이 넘친다. 자연 속 힐링의 공간이다. 청기천과 반변천 두 강물이 모여 만나는 곳이요, 부용봉이 위치한 좌청룡 우백호가 감싸고 있어 기가 아주 강하다고 풍수학자들이 서슴없이 얘기한다.

세상을 살면서 소박한 삶을 유지한 자가 이 둘레길을 걸을 수 있는 자격이 아닐까? 자연 그대로 바라보고, 고향의 품, 엄마의 품같은 자금병을 감싼 선바위 둘레길은 사색의 길이요. 둘 넷 삼삼오오 모여 살아온 살아갈 얘기 나누는 길이요, 연인과 같이 사랑이 오가는 길이요, 친구들과 등 토닥이며 잠시 여유를 찾는 길이 될 것이다. 이 산자락은 밤사이에 고운 달과 별빛이 스며들고, 산짐승들이 미리 밟아 놓는 길, 풀벌레들이 속삭이는 길, 아침이면 이슬이 헤쳐지고 헝클어진 것들을 돈워 새로운 정기를 정갈히 모아 놓은 곳으로 현대를 살아가는 사람들의 지친 마음과 몸을 치유해주는 곳이 되리라 생각한다.

- 즐거움을 가진 사람은 그대로 와서 더욱더 힐링하며 그대로 가고,
- 상처와 괴로움을 가진 사람은 그대로 가져와서 풀어 놓고 즐거움만 챙겨가라.

자금병을 둘러싼 선바위 둘레길이 가장 센 자연의 기운으로 모든 근심, 질병을 대

자연 속으로 날려버리면서 치유한다. 그리고 모든 근심, 질병을 치유한 다음, 그는 다음 날에 또 다른 근심, 걱정을 치유할 준비가 되어 있다.

서석지 내원과 외원을 연결하는 트레킹-코스를 걷는다면

서석지 외원 주변과 관련한 트레킹-코스의 힐링을 느끼면서 걸어보자. 서석지 외원(아래 그림 참조)의 문화 유적지 간 거리가 거의 0.5~2km 이내에 있다. 트레킹에 지루함을 없애고 문화유적을 답사할 수 있도록 하여 남녀노소가 즐겁게 걷고 산책하면서 정신 수양과 마음의 풍요를 즐길 수 있다.

트레킹-코스는 다양하며 각자 취향에 맞게 걸으면 멋진 코스가 될 것이다. 아쉽다면 지금은 일부 코스가 다듬어지지 않아 다소 걷기가 어려우나 그런대로 자연을 즐기면서 걸을 수 있다. 이 친숙한 모습이 그리운 실정이다.

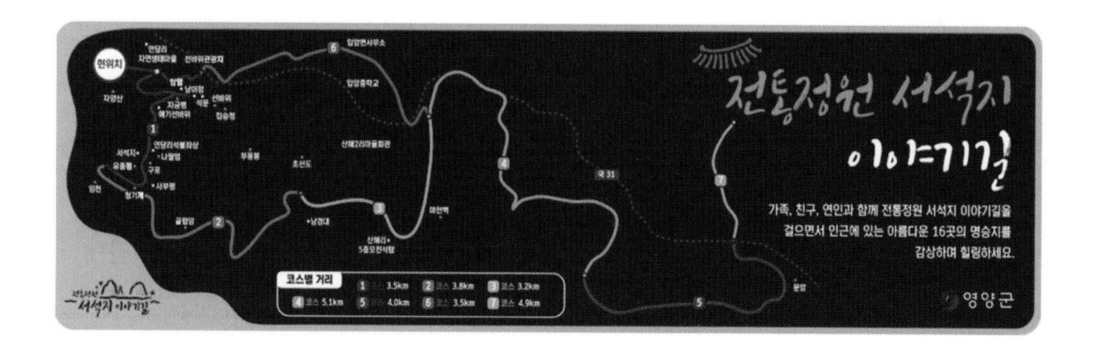

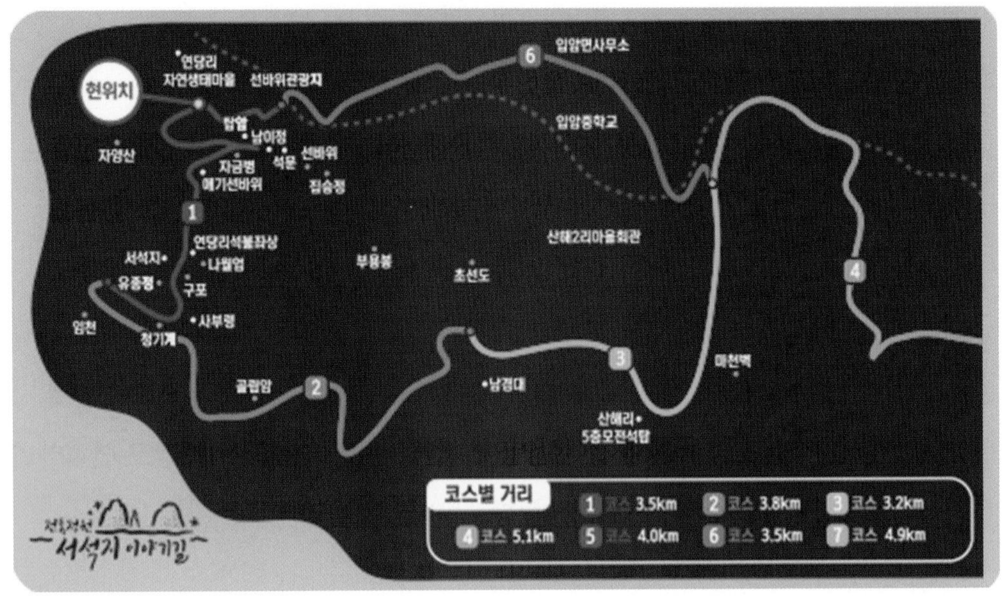

▲ 서석지 외원의 트레킹 코스

청록파 시인 조지훈의 발자취를 따라서

'얇은 사 하이얀 고깔은 고이 접어서 나빌레라' 승무의 한 구절이다. 서석지에서 20킬로미터쯤 떨어진 영양군 주실마을은 시인 조지훈의 생가와 지훈문학관이 있다.

조지훈은 초기에는 전통을 향한 향수, 불교적 서정으로 다듬어진 서정시를 주로 써 오다가 후기에는 조국의 역사와 정치 현실에도 깊은 관심을 보였다. 1950년대에는 자유당 말기의 혼란한 정치 행태를 강하게 비판하는 글들을 많이 썼는데, 이 글 역시 부패한 정권과 지조 없는 정치가들에 대한 통렬한 비판이 담긴 글 중의 하나이다. 조지훈 선생은 17세 때, 영양읍 감천마을 출신인 오일도 선생을 서울서 만나게

된다. 이후 정지용 선생에게 추천되어 20세에 승무, 고풍의상, 봉황수 등의 주옥같은 시를 남긴다.

조지훈의 지조론 관점을 조명해보자

지조란 것은 순일(純一)한 정신을 지키기 위한 불타는 신념이요, 눈물겨운 정성이며, 냉철한 확집(確執)이요, 고귀한 투쟁이기까지 하다. 지조가 없는 지도자는 믿을 수가 없고, 믿을 수 없는 지도자는 따를 수가 없기 때문이다. 지조는 선비의 것이요, 교양인의 것이다. 장사꾼에게 지조를 바라거나 창녀에게 지조를 바란다는 것은 옛날에도 없었던 일이지만, 선비와 교양인과 지도자에게 지조가 없다면 그가 인격적으로 장사꾼과 창녀와 가릴 바가 무엇이 있겠는가.

식견(識見)은 기술자와 장사꾼에게도 있을 수 있지 않은가 말이다. 여름에 아이스케이크 장사를 하다가 가을바람만 불면 단팥죽 장사로 간판을 남 먼저 바꾸는 것을 누가 욕하겠는가. 장사꾼, 기술자, 사무원의 생활 태도는 이 길이 오히려 정도(正道)이기도 하다.

오늘의 변절자도 자기를 이 같은 사람이라 생각하고 또 그렇게 자처한다면 별문제다. 그러나 더러운 변절의 정당화를 위한 엄청난 공언을 늘어놓는 것은 분반(噴飯 : 꾸짖고 질책한다는 의미)할 일이다. 백성들이 그렇게 사람 보는 눈이 먼 줄 알아서는 안 된다.

▲ 주실마을의 지훈문학관 ▲ 지훈문학관 앞의 북 카페

이문열 소설가의 발자취를 따라서

서석지에서 15킬로미터쯤 떨어진 곳에 이문열 소설가의 고향인 경북 영양군 석보면 두들마을에 이문열 문학관이 있다.

'우리들의 일그러진 영웅' 내용의 요약이다.

'나' 한병태는 대도시의 명문 초등학교에서 시골의 별 볼 것 없는 시골 초등학교로 전학 와서 생활하게 된다. 그 학교에는 선생님의 전폭적인 신임과 아이들의 절대적 복종을 받는 반장 이상의 독재자 반장인 엄석대가 있었다.

한병태는 엄석대의 절대적인 세력에 반항적이고 저항적인 도전을 시도하였다. 하지만 엄석대의 경계 대상이 되면서 친구들의 골림과 놀림을 당하였다. 그래서 '나'는 그의 비행, 폭력, 위압을 선생님께 낱낱이 일렀지만, 오히려 선생님은 못 들은 척 자기를 나쁜 사람으로 생각하게 된다. 결국, '나'는 혼자만의 저항이 부질없음을 깨닫고 엄석대에게 굴복하고 그의 보호를 받는 쪽을 택하게 된다. 하지만 편안히 지내던 '나'와 아이들은 6학년에 올라가면서 새로운 담임선생님을 만나면서 변화하게 된다.

새 담임선생님은 엄석대가 반장 선거에서 몰표에 가까운 표를 얻은 것이 석연치 않게 생각하였고, 그의 우수한 성적을 의심하였다. 또 '나'를 불러 엄석대의 비행을 폭로하게끔 설득하였다. 결국 시험 날 엄석대가 우등생을 시켜 시험지를 조작한 사건이 드러났다. 학생들은 동요하여 엄석대의 비행을 낱낱이 일러바쳤다. 이로 인해 그는 몰락하게 된다. '나'는 엄석대의 권위와 횡포는 다수의 아이들 자신의 힘에 의해 붕괴된 것이 아니라는 사실을 인식한다. 새 담임선생님이 아니었다면 학생들의 반성과 자각은 생기지 않았을 것이다.

엄석대는 이 사건을 계기로 우리에게서 모습을 감췄고 한동안 볼 수 없었다. 그렇게 엄석대의 굳건하고 튼튼하던 '성'은 무너져 그 아이들의 자유를 맛보게 해주었지만, 모두가 엄석대의 소식을 모른 채 점점 그는 묻혀갔다.

'나'는 커서 대기업에 취직했지만 이후 사업에 실패해 실업자가 되어 가혹한 세상에 내던져지게 되자 엄석대를 생각한다. 그리고 우연히 수갑에 채워진 채 경찰에 연행되는 엄석대를 보며 회한에 잠긴다. 그날 '나'는 밤새도록 술을 마시고 눈물을 흘리면서 여러 생각에 잠긴다.

이 작품은 엄석대의 몰락을 통해 권력의 허구성을 지적한다. 전학 와서 엄석대의 부당성을 개선하려다 굴복한 병태와 이미 길들어진 다른 학생들의 모습을 통해 부조리한 현실에 순응하는 소시민적 근성을 비판하고 있다.

▲ 두들마을의 이문열 문학관

음식디미방

『음식디미방』은 현존하는 한글 조리서 중 가장 오래된 책이다. 이 책의 표지 서명은 『규곤시의방(閨壼是議方)』이고, 권두 서명은 『음식디미방』으로 되어 있다. 두들마을 입향조인 석계 이시명 선생의 부인인 장계향 선생(1598-1680)에 의해 집필되었다. 규곤시의방은 격식을 갖추기 위해 후손들이 덧붙인 같다.

권두의 본문이 시작되는 바로 앞면에 다음과 같은 한시(漢詩)가 쓰여 있다.

시집온 지 삼일 만에 부엌에 들어, 손을 씻고 국을 끓이지만, 시어머니의 식성을 몰라서 어린 소녀(젊은 아낙을 의미함)를 보내어 먼저 맛보게 하네.

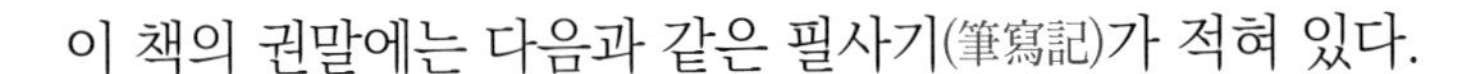

이 책의 권말에는 다음과 같은 필사기(筆寫記)가 적혀 있다.

몸이 불편한 가운데 어두운 눈으로 간신히 이 책을 쓴 뜻을 잘 알아 이대로 시행하고 책은 본가(本家)에 간수하여 오래 전하라고 당부한 내용이 있다. "딸자식들은 각각 벗겨 가오되 이 책을 가져갈 생각을랑 절대로 말며"라는 대목이 있다.

책의 내용에는 예로부터 전해오거나 장씨 부인이 스스로 개발한 음식, 양반가에서 먹는 각종 특별한 음식 등의 조리법이 자세히 서술되어 있다. 또 각종 술 담그기를 비롯하여 가루음식과 떡 종류 및 어육류의 조리법을 소개하였다.

이 책에는 음식의 맛을 내는 비방이라는 뜻으로, 146개 항의 음식조리법이 수록되어 있다. 이 가운데 70여 종을 현대적 의미로 재해석하여 전통한정식 메뉴로 정착시키려 한다. 또 술 51종 가운데 남성주, 두강주 등 14종의 술을 복원하는 등 지속적인 노력을 계속하고 있다.

▲ 음식디미방의 표지(오른쪽)와 내용 첫머리(왼쪽)

봉감모전오층석탑

국보 제187호인 봉감모전오층석탑(鳳甘模塼五層石塔)은 영양군 입암면 산해리에 있다. 맞은편 절벽이 서석지 외원의 한 요소인 마천벽이다. 축조 연대는 미상이나 신라시대로 추정된다.

강가의 밭 가운데에 서 있는 탑으로 위풍당당한 모습을 갖추고 있다, 이 마을을 '봉감(鳳甘)'이라고 부르는데서 '봉감탑'이라는 이름이 붙었다. 주변에 기와 조각과 청자 조각 따위가 흩어진 것으로 보아 절터였으리라고 짐작된다.

진형적인 모전식딥(模塼石塔)으로, 편핑한 사연석 기단(基壇) 위에 2단의 탑신(塔身) 받침이 구성되었으며 수성암을 벽돌 모양으로 다듬어 5층의 탑신을 그 위에 쌓았다.

▲ 국보 제187호인 봉감모전오층석탑

1층 탑신에는 섬세하게 조각한 문주(門柱)와 미석(眉石)이 있는 불상을 모시는 감실(龕室)을 두었다. 2층 이상의 탑신은 중간마다 돌을 내밀어 띠를 이룬 것이 특이하다. 옥개석은 아래 윗면 모두 계단 모양의 층을 이루었다. 처마의 너비는 위로 올라갈 수록 좁다.

전체적으로 균형이 잡힌 정연하고도 아름다움을 보여주는 탑으로, 우리나라에 남아있는 모전석탑 가운데 가장 원형을 잘 유지하고 있는 우수한 탑이다. 1981년부터 몇 번의 해체, 복원, 방수처리된 바 있다.

오일도(吳一島) 발자취

영양읍 감천마을에 오일도(吳一島) 시 공원과 생가가 있다. 오일도 선생은 암울한 일제강점기 우리나라 최초의 문단지인 시원(詩苑)을 1934년 창간하여 문단에 예술지상주의의 꽃이 피게 하였다.

주요 작품으로 〈눈이여! 어서 내려다오〉, 〈노변의 애가〉 등이 있다. 경성 제1고등보통학교를 졸업하고 일본에 건너가 릿교대학 철학과를 마쳤다. 귀국 후 한때 서울에서 중등교사로 재학하다가 1931년을 전후하여 문단에 등장하였다. 시문학(詩文學), 문예월간(文藝月刊)

▲ 오일도(吳一島) 시 공원 내 시비

등에 서정시 여러 편을 발표하였다. 그의 작품은 황량(荒凉)과 조락(凋落)이 주조(主調)를 이룬다.

참판공 정담의 발자취

'칼이 있어야 붓이 있다.' 영양의 출중한 무과 급제자다. 참판공 정담(參判公 鄭湛·1548~1592) 선생은 1592년 청주 목사로 부임 중 임진왜란이 일어나자 서애 유성룡의 천거로 김제 군수로 부임하였다. 김제 군수로 있을 때 임진왜란이 일어나자 의병을 규합하여 전라도 전주성을 지키기 위해 웅치 전투에서 "차라리 목숨을 잃을지언정 구차하게 삶을 구하기 위해 물러서지 않겠다."라면서 최후까지 싸우다가 죽음을 맞이하였다.

그의 종택은 일월면 가곡리에 있다. 유명한 신립 장군의 장수로 있으면서 1583년 알성무과에 급제하였다. 정담의 용맹함은 조정에까지 알려져 가선대부 병조참판 겸 동지의금부사에 추증되었다.

류성룡의 『징비록』에는 '웅치전투에서 정담과 변응정 두 장수가 목숨을 아끼지 않고 싸워준 덕분에 온 나라가 무너지는 상황에서도 전라도만은 보전할 수 있었다.'라고 기록되어 있다.

1690년 정담의 충절을 기리는 정려비(旌閭碑: 충신, 효자, 열녀 등을 그리기 위하여 그 집 앞에 세우던 붉은 문)가 영해 인량리에 세워졌다. 애초에는 목비였으나 훼손이 심해 1782년 석비로 다시 건립했다.

▲ 정담의 충절을 기리는 정려비

순조 때 장렬공(壯烈公)이라는 시호가 내려졌다.

종가의 가훈은 '조상을 잘 받들고 자손을 중히 여겨라'이다. 후손들은 충신 정담의 덕과 정신을 잘 받들 수 있도록 어릴 때부터 교육을 받았다. 마을 풍습으로는 손이 귀한 집안으로 귀한 집 자식일수록 천하게 키워야 한다는 가르침 때문에 자손들이 아무 탈 없이 자라기를 바라는 마음에서 돌잔치나 생일잔치를 하지 않는다.

어린아이가 자신의 의견을 말할 때는 귀담아 들어준다. 나이와 상관없이 한 사람의 인간으로서 존중하는 것이야말로 자손을 중히 여기는 교육방식이라 여기고 있다. 이 지방의 여러 종가처럼 30대 종손 정재홍과 종부 권혜랑 부부가 종가를 지키고 있다

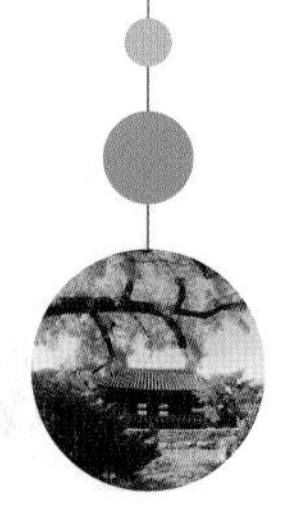

▲ 장렬공 종택과 입구

▲ 장렬공 종택과 사당

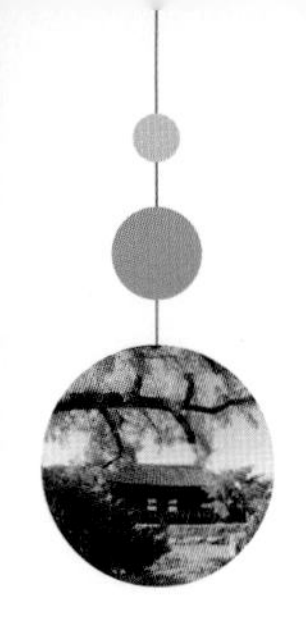

9

퇴계선생의 정신과 학문

- 정자 관점의 정신적 영향 -

- 경재잠도(敬齋箴圖)와 서석지 -

퇴계선생 종택의 추월한수정과 노송정을 살펴보자.
성리학적 관점의 서석지와 관계되는
경재잠도를 알아보자.

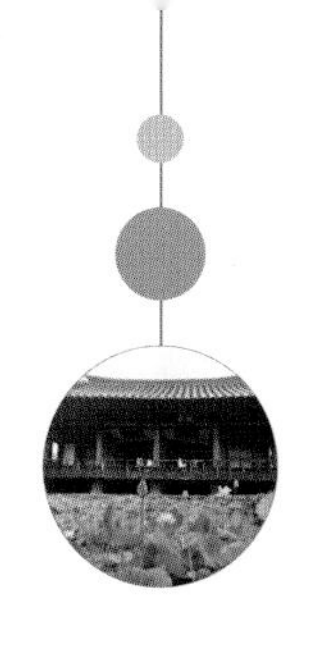

1. 정자 관점의 정신적 영향

정신문화의 수도라는 안동의 정자는 수(數)적인 면과 정신적인 면에서 가히 조선의 정자 문화를 대표한다고 할 수 있다. 주자 성리학의 정신적인 축을 형성하신 퇴계 선생의 정자를 살펴보자.

안동문화는 퇴계선생이 연상된다. 퇴계의 유명한 제자인 학봉 김성일은 "퇴계의 학문은 명쾌하고 쉽다. 덕은 온화하고 상서로운 구름 같다."라고 칭송하였다.

추월한수정과 퇴계종택

추로지향(鄒魯之鄕)은 공자가 태어난 노(魯)나라와 맹자가 태어난 추(鄒)나라와 같은 정신적 고장을 뜻한다. 이처럼 국학의 도시 안동은 한국 정신문화의 수도라 불리며 영남지방 문화의 큰 축을 형성한다.

퇴계 이황 선생은 안동시 도산면 토계리에서 출생한 대학자이다, 퇴계종택 내의 추월 한수정은 봉화 닭실마을 입향조인 충재 권벌 선생의 5세손인 창설재 권두경이 세운 정자이다.

▲ 퇴계종택

▲ 추월 한수정

이 정자는 퇴계의 도학을 추모해 퇴계가 자라고, 공부하고, 은퇴 후 머문 도산면 토계리 상계에 있다. 창설재는 자신의 선조가 세운 봉화 춘양에 있는 한수정의 정자 이름에 추월을 추가하여 명명했다.

남송의 유학자 주자의 시 '재거감흥(齋居感興)'의 추월조한수(秋月照寒水: 가을 달이 찬 강물을 비춘다)에 바탕을 두었다. 티끌 한 점 없이 깨끗하고 밝기만 한 가을 달이 차가운 강물을 비추는 투명하고 밝은 현인의 마음을 뜻한다.

노송정과 퇴계 태실

▲ 퇴계선생 태실

노송정은 퇴계 선생의 조부 노송정 이계양이 1454년 도산면 온혜리에 생활 기반을 잡으면서 지은 정자이다. 이계양이 봉화지방의 향교에서 교육을 맡아보던 교육 관리로 있을 때였다. 온혜를 지나면서 산수의 수려함을 감탄할 때 마침 풍수에 해박한 승려와 만나게 된다. 그 승려가 대유학자가 나올 수 있는 길지의 집터를 잡아주었다.

손자 퇴계가 이곳 노송정 종택에서 태어나고 자랐다. 이계양은 온혜의 집 마당에 소나무를 심고 키우며 노송정 현판을 걸고 자신의 아호로 삼았다. 노송정은 『논어』

▲ 노송정

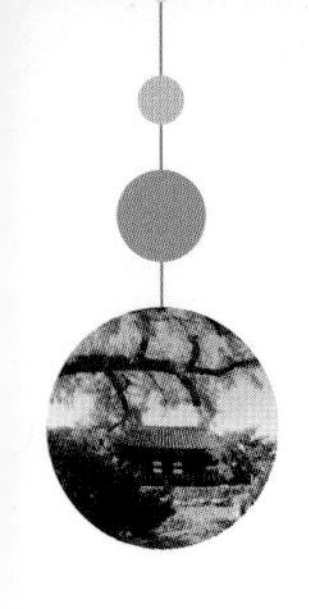

의 '자한'편 구절인 '세한연후 지송백 지후조야(歲寒然後 知松栢 之後彫也)'에 근거한다. 매서운 추위가 온 뒤에야 다른 어떤 나무와 달리 소나무와 잣나무는 시들지 않는다는 꿋꿋한 선비의 지조를 의미한다.

생가 본채가 자리한 노송정 내부에 퇴계가 태어난 퇴계선생 태실이 있다.

2. 경재잠도와 서석지

경재잠도(敬齋箴圖)가 포함된 성학십도(聖學十圖)에 대하여 살펴보자. 예순여덟의 퇴계 이황은 생애 마지막 벼슬인 대제학을 사직하였다. 명종이 후사를 정하지 못한 채 갑자기 세상을 떠나면서 아무런 준비도 없이 왕이 된 젊은 선조에게 군주로서 갖춰야 할 유교적 정치 이념의 핵심을 제시하였다. 그것이 열 폭으로 그린 성학십도이다.

서석지 중 핵심 건물인 경정과 밀접한 관계가 있는 성학십도 중 제9도인 경재잠도에 대하여 살펴보자. 경재잠도의 근원은 홍익인간 사상과 맥을 함께한다. 홍익인간 사상은 '하늘과 땅 그리고 사람이 하나'인 천지인(天地人)에 바탕을 둔다. 결국, 사람이 몸을 닦아 수양한다는 것은 겉과 속이 일치되게 하려고 무한히 힘쓰는 것이다.

경재잠(敬齋箴)이란 주자가 선배 학자인 장경부(張敬夫)의 주일잠(主一箴)을 읽고 그 뜻을 보완하여 서재의 벽에 써 붙이고 스스로 수양하였다고 한다. 퇴계 선생도 "경재잠의 이해는 공부하는 데 좋은 도움이 될 것이다"라고 하였다.

敬齋箴圖(경재잠도) 중 다음 절구에 대한 의미를 간단히 살펴보자.

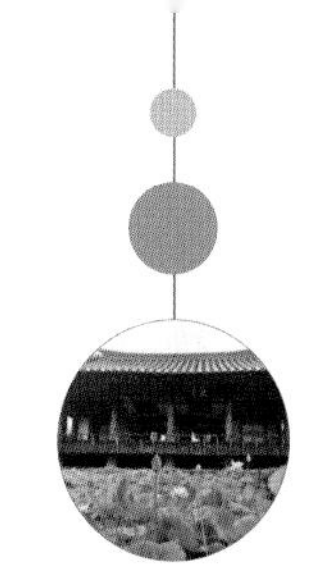

正其衣冠(정기의관): 의복이나 갓 즉 모자를 단정하게 하고

尊其瞻視(존기첨시): 다른 사람을 볼 때는 존중하고

다른 사람을 존중하라는 의미이다. 단정이라는 개념이 요즘은 시대에 따라 조금씩 달라지는 같다. 이 바쁜 생활에 언제 의복을 다 갖추나, 마음을 단정하게 하고 예의를 갖추면 안 될까?

折旋蟻封(절선의봉): 개미집이라도 꺾어서 돌아가야 한다. 성현들께서 진솔하게 말씀하시기를 사람으로 태어나면 누구나 실수를 한다. 개미집을 밟지 아니하고 걸을 정도의 조심하는 경지에 이른다면 나무 하나라도 조심스럽게 가꾼다.

즉 사람을 귀하게 여기듯이 식물 동물도 귀하게 여긴다면 홍익인간을 행할 수 있으며, 나아가 사회에 좋은 일을 할 수 있는 근본을 다질 수 있다.

私欲萬端(사욕만단)...三綱旣淪(삼강기륜): 사사로운 욕심은 만 가지 좋지 않은 원인이 된다. 이는 사람이 사는데 기본이 되는 윤리의 삼강을 무너지게 한다.

三綱(삼강)은 누구나 마땅히 지켜야 할 큰 덕목을 말하는 것이다.

- 君爲臣綱(군위신강): 임금은 신하를 너그럽게 대하고 신하는 충심으로 섬긴다.
- 父爲子綱(부위자강): 어버이는 자식을 사랑하고 자식은 어버이를 효도로 섬긴다.
- 夫爲婦綱(부위부강): 남편은 부인을 아끼고 부인은 남편과 가정을 보살핀다

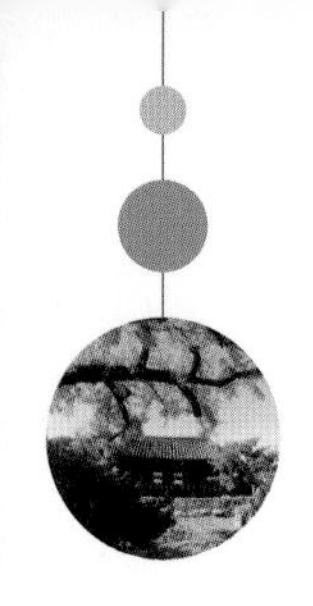

10

문화유산의 보전과 관리

정원과 관련된 우리나라 정자를 비롯한
문화유산을 아름답게 즐기고 어떻게 보전할까?
잘 보존해서 후손들에게 정신적인 뿌리를 자부심 있게 넘겨주자.
자기 것처럼 애정을 가지고 아끼자.

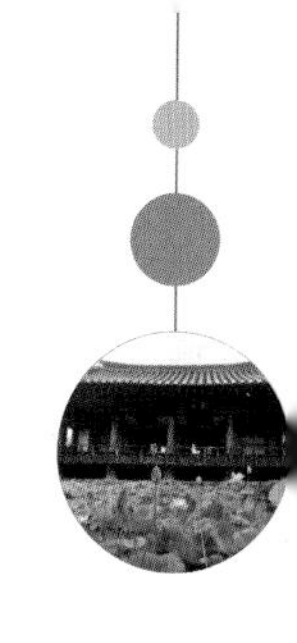

우리나라 어느 지역을 가더라도 서원, 향교, 정자를 쉽게 접할 수 있다. 정원과 관련된 우리나라 정자를 비롯한 문화유산을 아름답게 즐기고 어떻게 보전할까? 잘 보존해서 후손들에게 정신적인 뿌리를 자부심 있게 넘겨주자. 자기 것처럼 애정을 가지고 아끼자.

고택이나 종택은 소유주가 일반적으로 명백하다. 후손인 주인이 잘 관리한다. 서원, 향교, 정자는 일반적으로 소유가 모호하다.

서석지의 예를 들어보자.

서석지 정원의 소유주는 누구일까? 집안일 처리 겸 면사무소에서 서류를 떼보니 "정경정"이라 되어 있다. 정경정이 누구이지? 한참을 생각하였다. 아마 누군지 몰라도 선조께서 서석지 정원의 정자인 경정을 따고 성은 서석지 조성자이신 정영방의 정씨 집성촌이라 정경정이란 이름이 붙여진 듯하다. 존재하는 사람이 아니다. 즉, 문중 소유이다. 그래도 내 것처럼 애정을 쏟아야 한다. 문화유산의 소유권이 비록 개인, 문중에 있더라도 우리 공동 유산이요, 모든 국민이 주인이다. 소유권을 주장하여 탐방객 서비스는 뒷전이고 지나친 수익사업과 자만심이 앞선다면 가문의 수치와 조상의 욕됨으로 비난받아 마땅하다.

수많은 정자를 찾아보면 문화재 훼손이라고 마루에 올라서지 못하게 하는 곳도 있

다. 그건 어리석은 발상이다. 정말 아니다. 목조건물인 문화재에 사람 흔적이 있을수록 좋다. 집을 비워두면 쉽게 무너진다는 옛말이 맞다. 사람 손길이 필요하다. 아마 관광객이 술을 마시든지 음식물 찌꺼기 등을 두고 갔을지 모른다.

내가 사랑하는 서석지는 항상 열려 있다. 경정 마루에도 마음 놓고 올라가서 좋은 생각으로 힐링할 수 있다. 툇마루에 앉아 외원과 함께 불어오는 바람을 맞으며 맘 편히 쉴 수도 있다. 맑은 마음으로 깨끗이 사용하길 바란다. 혹시 지저분하면 빗자루와 쓰레받기 모두 준비되어 있으니 쓸고 앉아 힐링해도 된다. 서석지가 손님에게 조금이라도 위안이 된다면 조성자도 확실히 즐거워할 것이다. 내 집처럼 청소까지 해준다면 정말 고마울듯하다.

문화재 보수를 살펴보자. 몇 년 전 서석지 주일재와 자양재 보수가 있었다. 관련 부서도 내 것처럼 생각하면 부엌 아궁이의 방구들이 분명 불이 잘 들게 하지 않았을까? 요즘 우리 정부와 관련 기관이 문화재 보수 관리에 너무 열정을 써 준다. 고마운 일이다. 조금만 더 부탁드리고 싶은 심정이다. 불 피우면 잘 들고 방이 따뜻하게 해달라고 간곡히 말씀드렸다.

자양재의 보수 후 부엌 아궁이에 가슴 설레게 처음 불을 넣었다. 방 안의 곰팡이 등을 없애려면 환풍이 되어야 하는데 부엌 뒷문을 못으로 꽝 막아 열 수 없었다. 별 생각 없이 그랬을 것이다. 매캐한 냄새로 곤욕을 치렀다. 이후 두 번 다시 불을 지필 수 없었다. 한편 이렇게라도 보수되니 정말 감사한 일이다. 이왕 해주는 기회에 조금만 더 신경 썼더라면 하는 아쉬움이다.

한 치 앞도 못 보는 결점 투성이가 인간이라 하지 않았던가? 실수야 당연할 수 있

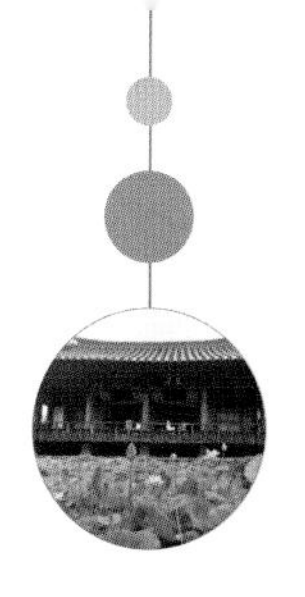

다. 두 번 되풀이하지 말자는 측면에서 적었다. 그런 의미에서 관계자분께 위로와 격려의 박수 및 아낌없는 응원을 후손으로서 보낸다.

자연과 더불어 생존하는 정자 보수가 너무 인위적이다. 돌이나 기와 담이 너무 반듯하다. 그렇게 하는 공사가 쉬울 것이다. 그 옛날 건축 시기를 생각해 자연 친화적으로 보수되면 싶다. 자로 깎은 듯이 돌이 반듯하고, 담장은 직각으로 되어 있다. 울퉁불퉁한 돌과 담장의 경사는 찾아볼 수 없다. 아쉽다.

서석지를 찾는 방문객들의 대화거리를 소개해 보자. 필자가 도시서 학교 다니면서 알았던 친구들이 참 멀리 영양까지 왔다. 도시서 서석지를 찾아 온 첫 번째 집단이다. 그 뒤 아름답다고 더러 온다. 그중에 서석지 시 48수에 음을 달아준 한자의 귀재 모 대학교 중문과 교수 박균우가 있다.

서울서 두 번째 오고 난 뒤, 서석지를 포함한 영양에 반해 자칭 명시를 남긴 친구 병찬이도 있다(p.238 참조). 고교 및 대학 동기인 어수룩하지만, 맵시 있고 지혜로운 친구 병용이도 있다. 시와 돌의 정원이라는 책 제목을 보여 주니, 연못에서 돌은 봤는데 시도 있나? 세 번을 왔다 갔는데도... 이렇게 얘기한다. 공과대학 졸업생이니 인문학과 시에는 어수룩한 점 이해된다. 나는 더했으니까.

고등학교 3학년(부산 소재) 반창회를 영양서 두 번 했다. 부인들과 함께 여행 온 친구들도 있었다. 그때, 조선시대 3대 민가 정원인 서석지를 둘러보고 친구 부인이 "시와 자연이 어우러진 이런 아름다운 곳에 사는 친구도 있네요. 부럽다!"라고 말했단

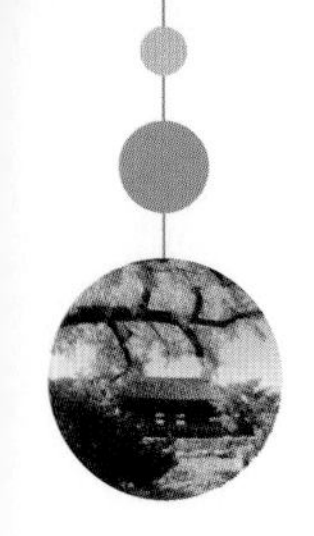

다. 삼수 내외 얘기이다.

영양문인협회 주관 2019년 영양 수하계곡서 개최되는 문향골 캠프에서는 병출이 친구가 시 부분 대상을 차지하였다(p.239 참조). 참 대단한 감성을 지닌 친구다. 영양과 관계된 시라 소개한다. 서석지 자락에 발길이 조금이라도 닿는 많은 분들이 즐거웠다며 매년 오겠다고 약속을 하였다.

영양중학교에 근무하시는 양순자 선생님이 고향 친구인 손기화 선생님 등을 모시고 서석지에 오셨다. 이후 가끔 동료 선생님들과 갈 테니 서석지 해설을 부탁한다고 하셨다. 지난해는 여름방학 종강 후 모든 선생님들이 오셔서 서석지 정자에 앉아 시도 나누었다. 저녁엔 입암 백숙집 회식 자리에 필자도 함께 저녁을 얻어먹었다. 우리 대학 졸업생 교사가 몇 분 계셔서 더욱 좋았다.

이외도 수없이 많은 이야기가 있다.

부산서 오신 관광차의 손님께 모르는 한자 섞어 해설 후 보니 그분들이 국어교사들이었다고 한다. 속으로 웃었을 수도 있다. 모르고 해설했던 게 편했다. 그중 한 분인 박경원 선생님은 이후 서석지를 세 번이나 오셨다. 인문학에 관심 있는 고교생들을 데리고 왔었다. 이문열문학관과 조지훈문학관도 같이 갔다.

선바위 문화권 사업하면서 해설을 요청한 박명술 사업책임자님과 채석종 사무장님도 스쳐 지나간다. 필자가 서석지와 정자를 알기 시작한 걸음마 시절이었다. 한 없이 즐거웠다.

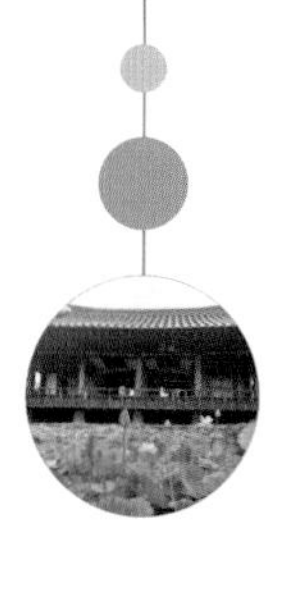

평생 정보통신분야에서 일하면서 첫 직장이었던 그 옛날 한국전자통신연구소 시절 같은 연구실 팀원이셨던 백미숙 연구원이 친구들을 데리고 두 번이나 오셨다. 영양이 좋아 영양 여행 책자를 만들어 보자는 즐거운 제안도 있었다. 꼭 쓰고 싶다.

몇 년에 걸쳐 시간 될 때마다 서석지 해설을 너무 즐겁게 해 왔다. 해설을 듣는 눈빛이 눈에 그려진다. 삼십 년 가까운 대학생활에 다른 것은 못 해도 강의와 설명은 몸에 배어 있다. 해설이 너무 즐겁고 자랑스러웠다. 앞으로도 영원히 하고 싶다.

- 시와 돌의 정원. 서석지를-

노을

거암 채병찬

님 마중하러 연당서 거닐다가
어느 틈에 서석지로 들어선다.
선바위에 앉은 바람이 차니
햇살이 미끄러져 자금병이 붉다.

음식디미방 고운 맛이 섬세하고
두들마을 고택에 번뇌는 별빛이라.
붉어진 하루를 방바닥에 누이니
먼 하늘 초승달은 고이 접어 나빌레라.

영양의 초록에는 시가 없다

운사 최병출

반짝임
푸르름
계곡의 물소리에 수식을 하지말자
그들은 이미 순수의 초록으로 물들어있다

그리움은 가을에게
이별은 겨울에게
희망은 봄에게 돌려주더라도
깜깜한 밤
차가운 개울의 심연 같은
초록의 여름만은 그대로 두자
영양의 이 계절엔 매미 소리와
철철 넘치는 물소리가 들릴 뿐
얼음보다 투명한 초록만은
찬란한 별밤처럼 내버려두자

영양의 초록엔
시인의 펜 끝도 조심스럽다.

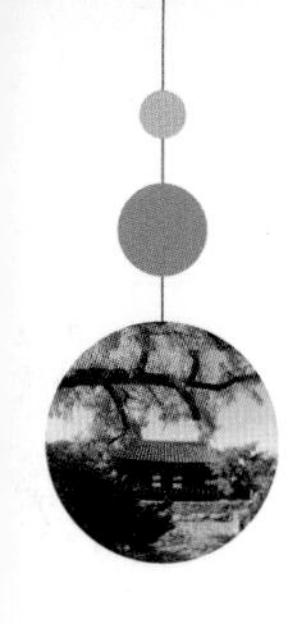

맺음말

서석지 정원 조성의 큰 축인 주자 성리학-개념이 필요하다. 고리타분하다. 이 시대는 성리학을 정신수양의 기본으로 받아들이자. 현대에 필요한 주요 개념과 간단한 논리성을 알자.

글 자체에 얽매여 개념을 너무 많은 각도에서 생각하는 에너지 낭비는 하지 말자. 물론 그 분야를 전공하는 경우는 그렇지 않다.

임진왜란, 병자호란의 교훈을 보자. 왜 중국을 탈피하지 못하고 헤메다가 침략당했을까? 주자 성리학의 이론에 너무 집착해서가 아닐지. 그 당시 좋은 개념만 받아들이고 유럽의 현실성을 왜 못 받았을까? 신라 시대 당나라와 연합 후 우리는 약 천 년 이상을 중국에서 탈피하지 못했다.

유럽과 친교를 맺으면서 많은 전쟁을 알았다면 전쟁 대처 능력이 되는 신무기 관련한 현실적 학문을 공부하지 않았을까? 고리타분한 성리학이니 뭐니 하는 학문은 뒷전으로 하고 말이다.

누군가는 말한다.

우리나라는 지리적으로 중국과 일본에 둘러싸였으니 벗어나는 것이 어떻게 가능한가?

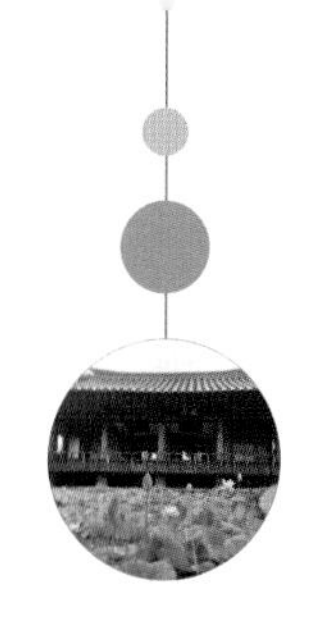

그렇다면 그 옛날 신라는 당나라와 어떻게 연결되었나? 천 년 동안 중국을 탈피하지 못한 것은 핑계와 변명이라고 생각한다.

영국의 과학자 뉴턴은 17세기 현실 학문의 뿌리가 되는 물리학계를 이끈 유명한 분이다. 하루아침에 뉴턴 같은 과학자가 나타나지 않는다. 국가의 뿌리 깊은 현실 학문의 토양이 배었기 때문에 가능하다. 아마 많은 과학자 중 한 사람인 뉴턴이 더욱 돋보였을 것이다. 조선 시대도 과학자가 있었다. 그러나 그 숫자가 너무 적고 국가의 뒷받침이 거의 없었다. 탁상공론이 많았다. 수많은 과학자 속에서 우수한 사람이 나올 수 있다. 아쉽다.

먼 훗날 우리는 정신적 학문인 이념에 너무 얽매이지 말자. 뿌리를 알고 풍부한 인성 교양 위에 도전적이고 과학적인 현실적 학문을 지향하면 어떨까? 지구상에 우리나라만 있으면 얼마나 좋을까? 이상적인 학문만 추구하면 삶이 충만하지 않을까? 현실은 그렇지 않다. 여러 나라가 있는 한 국가는 어차피 경쟁이다. 눈에 보이든 안 보이든 싸워야 한다. 이겨야 한다. 그러려면 인문학의 기본 소양 위에 이공학이 발전해야 한다.

현대를 살아가는 우리의 삶이 참 각박하다고 한다. 여유가 없다고도 한다. 특히 우리 사회는 너무 급변하여 적응이 어렵다고들 한다. 이때 우리들은 석문선생이 만든 서석지를 한번 생각해 보자.

삶의 중심이 되는 정신을 한곳에 몰두하여 자기의 분야에 집중하자는 주일제 어떤 유

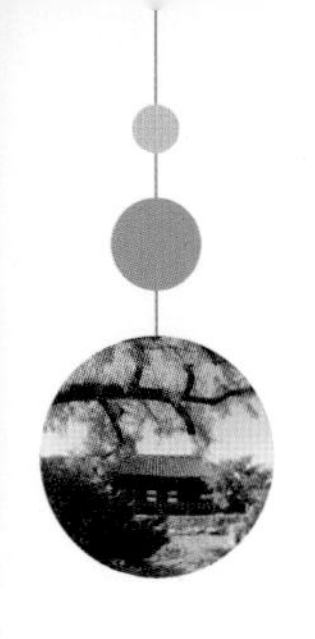

혹도 뿌리칠 수 있다. 자신의 색깔을 유지하고 중심축을 명확히 하는 사우단의 매화, 소나무, 국화, 대나무의 네 벗들을 머릿속에 간직하고 살면 도움이 되지 않을까?

각박하고 시간에 쫓겨 여유가 없다고 한다. 상스러운 돌의 집합체에 신선과 어우러지는 서석지 주변 환경의 아름다운 돌들을 연상하면서 정신적인 여유를 가져보자.

경관 좋은 곳에서 옛 선현들의 지혜를 되새기면서 아름다운 옛날 정원을 찾아서 좋고 새로운 생각을 받아들이며 나쁜 생각은 버리자. 정신세계의 힐링으로서는 최고의 명품 장소가 되지 않을까?

아무쪼록 현대인의 삶에 더욱더 큰 힘이 되었으면 한다.

참고문헌

이 책에 언급된 저서와 논문입니다. 대중서의 특성상 각주를 일일이 달지 못하여 참고문헌으로 밝힙니다.

정영방, 석문집, 1620년대경

신두환, 석문집 역서, 영양군청, 2019

유정훈, 석문 정영방의 문학연구, 안동대학교 교육대학원 석사 논문, 2004.

신두환, "石門 鄭榮邦의 園林과 文學", 석문 정영방 선생 선양학술대회, 2018

천명희, "석문을 열다, 서석지와 경정", 제74회 누정순회강좌, 안동청년유도회, 2020.

민경현, "서석지를 중심으로 한 석문 임천정원에 관한 연구", 한국전통조경학회지, vol.1 no.1, 한국전통조경학회(구 한국정원학회). 1982. pp.4

최재남, "石門 鄭榮邦의 삶과 시세계", 한국한시작가연구, vol.10, 한국한시학회, 2006.

정연상, "서석지의 건축 공간과 경관 요소", 석문 정영방 선생 선양학술대회, 2018

허균, 한국의 정원, 선비가 거닐던 세계, 다른 세상, 2002.

이동호, 소쇄원의 숨은그림찾기, 전남대학교 출판부, 2010.

김미영, 영양 종가의 전통과 미래, 민속원, 2014.

영양군청, 영양 서석지, 2009.

김동완, "정자 시리즈를 마치며, [정자]79. 예천 삼수정", 2017.

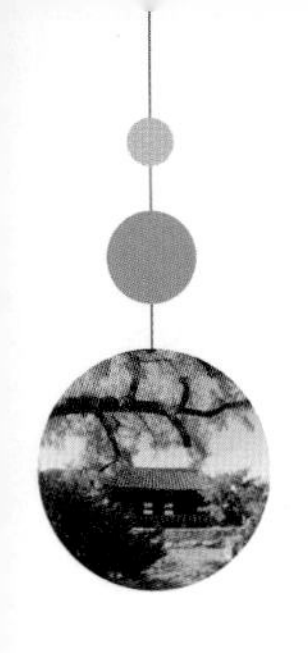

http://www.wando.go.kr

http://www.dangyang.go.kr

http://www.ycg.kr

https://terms.naver.com

https://www.doopedia.co.kr

정중수, “서석지를 기반으로 한 현대 삶의 지표”, 2012 (영양문화 제19호)

정중수, “서석지 주변 자연과 사람과의 만남”, 2013 (영양문화 제20호)

정중수, ”서석지 정원 주변 자연과 정신세계“, 2014 (영양문화 제21호)

정중수, “한국의 대표적인 정자 문화를 찾아서”, 2015 (영양문화 제22호)

정중수, ”문향의 고장. 영양의 뿌리 정자 문화“, 2017 (영양문화 제24호)

정중수, “서석지를 기반으로 한 석문선생의 문학세계”, 2019 (영양문학 제34호)

인터넷상의 출처가 애매모호하게 기록된 블로그외 다양한 글들을 참고했습니다. 관계자와 저자분께 감사드립니다.

시와 돌의 정원 **서석지**

초판 1쇄 발행 2021년 4월 15일

지은이 정중수
출판후원 정일정
펴낸이 최영민
펴낸곳 헤르몬하우스
인쇄 미래피앤피
주소 경기도 파주시 신촌2로 24
전화 031-8071-0088
팩스 031-942-8688
전자우편 hermonh@naver.com
등록일자 2015년 3월 27일
등록번호 제406-2015-31호

ISBN 979-11-91188-28-8 (03980)

· 책 값은 뒤 표지에 있습니다.
· 헤르몬하우스는 피앤피북의 임프린트 출판사입니다.